図解まるわかり

サーバーのしくみ

Server

西村泰洋 【著】

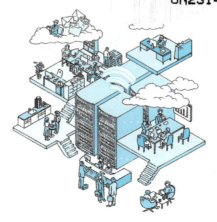

会員特典について

　本書では、サーバーの基本について解説しています。ページの都合で掲載できなかったWindowsとLinuxのOSの違いを読者特典（PDF形式）として提供します。下記の方法で入手し、さらなる学習にお役立てください。

会員特典の入手方法

❶以下のWebサイトにアクセスしてください。
　URL https://www.shoeisha.co.jp/book/present/9784798160054
❷画面に従って必要事項を入力してください（無料の会員登録が必要です）。
❸表示されるリンクをクリックし、ダウンロードしてください。

※会員特典データのダウンロードには、SHOEISHA iD（翔泳社が運営する無料の会員制度）への会員登録が必要です。詳しくは、Webサイトをご覧ください。

※会員特典データに関する権利は著者および株式会社翔泳社が所有しています。許可なく配布したり、Webサイトに転載したりすることはできません。

※会員特典データの提供は予告なく終了することがあります。あらかじめご了承ください。

はじめに

　私たちの社会はさまざまなシステムに支えられています。システムやITは多様化して複雑になっていますが、短時間で概要を理解したいと考えている方も多いでしょう。
　実は、世の中のシステムの大半はサーバーを中核とするしくみで構成されています。サーバーをシステムやITの世界への入口として考えるとわかりやすくなります。

　本書は次のような方を読者として想定しています。

- サーバーやシステムに関する基本的な知識を身につけたい方
- 企業や団体で利用されているサーバーやシステムについて知りたい方
- 情報システムに関連する仕事に携わっている方、携わる可能性がある方
- WindowsとLinuxの違いを知りたい方
- システムとしてのAI、IoT、ビッグデータ、RPAなどを知りたい方

　本書では、サーバーやシステムに関しての基礎知識、周辺も含めた技術動向、企業や団体で活用されている各種サーバーとシステム、導入事例、さらにAIやIoTなどのデジタル技術の最新動向についても解説しています。もちろんITに関しての知識がない方でも読むことができます。
　サーバーやシステムは大規模から小規模までさまざまです。
　また、ビジネスがあってこそのサーバーやシステムです。ビジネスの流れとともにそれらも進化します。すべてを網羅することは難しいことですが、できるだけ現在ならびに近未来の動向も理解してほしいと考えました。
　AIやIoTなどの導入の急速な広がりから、かつてないほどに情報通信技術が注目を浴びています。
　多くの方にサーバーやITの世界に興味を持ってもらうとともに、本書で得られた知識をビジネスシーンで活用してほしいと願っています。

2019年4月　西村　泰洋

目 次

会員特典について ……………………………………………………………………… 2
はじめに ………………………………………………………………………………… 3

第1章 サーバーの基本 ～司令塔としての３つの形態～ 13

1-1 サーバーを理解することはシステムを理解すること
システム、サーバー …………………………………………………………………… 14

1-2 サーバーはシステムの司令塔
利用形態 ………………………………………………………………………………… 16

1-3 クライアントからの要求に対応して処理を実行する形態
クライアント、受動的な利用形態 …………………………………………………… 18

1-4 サーバーから能動的に処理を実行する形態
能動的な利用形態 ……………………………………………………………………… 20

1-5 高い性能を活用した形態
AI、ビッグデータ ……………………………………………………………………… 22

1-6 サーバーに接続する機器
クライアントPC、デバイス ………………………………………………………… 24

1-7 瞬発系か持久系か？
瞬発系、持久系 ………………………………………………………………………… 26

1-8 システムをモデル化して整理する
モデル化 ………………………………………………………………………………… 28

1-9 基本的なシステム構成
システム構成 …………………………………………………………………………… 30

やってみよう ・クラサバアプリを作る
・共有したい情報の例 …………………………………………… 32

第2章 ハードウェアとしてのサーバー
~多様性とPCとの違い~　33

- **2-1 PCとの構成の違い**
  高信頼性、高可用性　34
- **2-2 PCとの性能の違い**
  表示性能、I/O性能　36
- **2-3 サーバーのOS**
  Windows、Linux、UNIX　38
- **2-4 サーバーの仕様**
  電源、冗長性　40
- **2-5 多様な形状**
  タワー、ラックマウント、ブレード、高密度　42
- **2-6 サーバーのスタンダードPCサーバー**
  PCサーバー、x86サーバー、RISC　44
- **2-7 サーバーのグレード**
  上位機種、スタンダード　46
- **2-8 ネットワークの基本はLAN**
  LAN、TCP/IP、WAN、Bluetooth　48
- **2-9 サーバーの設置場所**
  オンプレミス、データセンター　50
- **2-10 クラウドサービスの種類**
  SaaS、IaaS、PaaS　52
- **2-11 クラウドのメリットと留意すべきポイント**
  メンテナンス、コスト、秘密情報　54
- **2-12 メインフレーム、スーパーコンピュータとの違い**
  メインフレーム、スーパーコンピュータ　56
- **2-13 サーバー専用のソフトウェア**
  ミドルウェア、DBMS　58

やってみよう
・クラサバアプリを作る～ＨＴＭＬファイルを作成する～
・共有したい情報の例　60

第3章 サーバーで何をするか？
～仮想化と周辺機器～　61

- **3-1** 最初はシステム、次にサーバー
  システム、サーバー … 62
- **3-2** システムの規模で構成は変わる
  性能見積り、サイジング … 64
- **3-3** 本当にサーバーが必要か？
  投資対効果 … 66
- **3-4** 配下のコンピュータをどのように見ているか？
  IPアドレス、MACアドレス … 68
- **3-5** 配下のコンピュータとのデータのやりとり
  TCP/IP、UDP … 70
- **3-6** ルータとの機能の違い
  ルータ … 72
- **3-7** サーバーの仮想化とデスクトップ仮想化
  仮想サーバー、VDI … 74
- **3-8** テレワーク、働き方改革の実現
  シンクライアント、働き方改革、テレワーク … 76
- **3-9** ネットワークの仮想化
  ファブリック・ネットワーク … 78
- **3-10** すぐに使えるサーバー
  アプライアンスサーバー、仮想アプライアンス … 80
- **3-11** サーバーのディスク
  RAID、SAS、FC、SATA … 82

やってみよう クラサバアプリを作る～システム構成を考える～ … 84

第4章 クライアントに対応する役割
~配下のコンピュータの要求に対応するサーバー~ 85

4-1 ユーザーの目線で考える
クラサバ、ユーザー目線 86

4-2 ファイルの共有
ファイルサーバー 88

4-3 プリンターの共有
プリントサーバー 90

4-4 時刻の同期を取る
NTPサーバー 92

4-5 IT資産の管理
資産管理サーバー 94

4-6 IPアドレスの割り当て
DHCP 96

4-7 IP電話を制御するサーバー
SIPサーバー、VoIP 98

4-8 個人認証を支えるサーバー
SSOサーバー、リバースプロキシ、エージェント 100

4-9 業務システムのサーバー
アプリケーションサーバー、負荷分散 102

4-10 基幹系のシステムERP
ERP、アプリケーションサーバー、本番系、開発系 104

4-11 デジタル技術の代表選手のひとつIoTサーバー
IoT 106

4-12 ファイルサーバーに見るWindowsとLinuxの違い
サーバーの役割、機能追加 108

やってみよう
・NTPサーバーの設定
・設定画面の例 110

第5章 メールとインターネット
～メールやインターネットで利用されるサーバー～　111

5-1 メールとインターネットを支えるサーバー
SMTP、POP3、DNS、Proxy、Web、SSL、FTP 112

5-2 メールを送信するサーバー
SMTPサーバー 114

5-3 メールを受信するサーバー
POP3サーバー 116

5-4 Webサービスの提供に不可欠のサーバー
Webサーバー、HTTP 118

5-5 ドメインとIPアドレスの紐づけ
DNS 120

5-6 ブラウザとWebサーバー間の暗号化
SSL 122

5-7 インターネットを通じてのファイル転送・共有
FTP 124

5-8 外部からメールを見たいときに利用するサーバー
IMAPサーバー 126

5-9 インターネット通信の代行
Proxyサーバー 128

やってみよう
- DNSサーバーと通信する
- nslookupコマンドの表示例 130

第6章 サーバーからの処理と高性能な処理
～デジタル技術のサーバー～　131

6-1 組織の目線で考える
サーバーからの処理、高い性能を活用した処理 132

| 6-2 | **システム運用の監視**
運用監視サーバー ·· 134

| 6-3 | **IoTとサーバーの関係**
IoT ·· 136

| 6-4 | **RPAとサーバーの関係**
RPA ·· 138

| 6-5 | **継続的な業務改善**
BPMS、業務自動化 ·· 140

| 6-6 | **AIとサーバーの関係**
AI ·· 142

| 6-7 | **ビッグデータとサーバーの関係**
ビッグデータ、構造化データ、非構造化データ ·· 144

| 6-8 | **ビッグデータを支えるソフトウェア技術**
Hadoop ·· 146

やってみよう
・AI化に向けたデータの整備～データ項目の抽出～
・量販店のケース
・お客様の様子をデータ項目にする ·· 148

第7章 セキュリティと障害対策
～脅威に応じた対策、装置・データでの違い～ 149

| 7-1 | **システムで何を守りたいか？**
情報資産、公開情報、秘密情報 ··· 150

| 7-2 | **脅威に応じたセキュリティ対策**
不正アクセス、データ漏えい ·· 152

| 7-3 | **情報セキュリティポリシーを意識する**
情報セキュリティポリシー ··· 154

| 7-4 | **外部と内部の壁**
ファイヤーウォール ··· 156

| 7-5 | **緩衝地帯**
DMZ ·· 158

7-6	**サーバー内セキュリティ** アクセス制御、ディレクトリサーバー ・・・・・・・・・・・・・・・・・・・・・・ 160
7-7	**ウイルス対策** ウイルス感染、ウイルス対策 ・・・・・・・・・・・・・・・・・・・・・・・・・・・・・・・・・ 162
7-8	**障害対策** フォルトトレランス、二重化、負荷分散 ・・・・・・・・・・・・・・・・・・・・・・・・ 164
7-9	**サーバーの障害対策** クラスタリング、ロードバランシング ・・・・・・・・・・・・・・・・・・・・・・・・ 166
7-10	**ネットワークとディスクの障害対策** チーミング、RAID ・・・・・・・・・・・・・・・・・・・・・・・・・・・・・・・・・・・・・ 168
7-11	**データのバックアップ** フルバックアップ、差分バックアップ ・・・・・・・・・・・・・・・・・・・・・・・ 170
7-12	**電源のバックアップ** 自家発電、UPS ・・・ 172

> **やってみよう** ・AI化に向けたデータの整備〜データの作成〜
> ・データの作成と整備 ・・・・・・・・・・・・・・・・・・・・・・・・・・・・・ 174

第8章 サーバーの導入
〜構成・性能見積り・設置環境〜
175

8-1	**変わりゆくサーバーの導入①** クラウド、オンプレミス、保守 ・・・・・・・・・・・・・・・・・・・・・・・・・・・ 176
8-2	**変わりゆくサーバーの導入②** デジタル技術、デジタル・トランスフォーメーション ・・・・・・・・・・ 178
8-3	**システム構成について考える** システム構成 ・・ 180
8-4	**サーバーの性能見積り** 性能見積り ・・ 182
8-5	**性能見積りの例** 仮想化環境での見積り ・・・・・・・・・・・・・・・・・・・・・・・・・・・・・・・・・・ 184
8-6	**サーバーをどこにどのように置くか？** 設置場所 ・・ 186

| 8-7 | サーバーの電源
電源供給 ……………………………………………………… 188 |
| 8-8 | IT戦略との整合性の確認
ITポリシー ……………………………………………………… 190 |
| 8-9 | サーバーは誰が管理するか？
サーバー管理者、アドミニストレータ ……………………… 192 |
| 8-10 | サーバーのユーザーは誰か？
ユーザー管理、ワークグループ ……………………………… 194 |
| 8-11 | システム開発工程に見るサーバーの導入
ウォーターフォール、アジャイル …………………………… 196 |

やってみよう
・基本的な2つのテーマ
・その1　サーバーを見る
・その2　サーバーやシステムとの関係 ……………………… 198

第9章 サーバーの運用管理
~安定稼働を実現するために~　199

| 9-1 | 稼働後の管理
安定稼働、障害対応、運用管理、システム保守 …………… 200 |
| 9-2 | 障害の影響
影響分析、影響範囲、影響度、CFIA ………………………… 202 |
| 9-3 | 運用管理の基本
安定稼働、障害復旧 …………………………………………… 204 |
| 9-4 | 運用管理のお手本
ITIL ……………………………………………………………… 206 |
| 9-5 | サーバーの性能管理
性能管理、パフォーマンス …………………………………… 208 |
| 9-6 | ソフトウェアの更新
機能追加、バグ修正、WSUS ………………………………… 210 |
| 9-7 | 障害対応
障害、コマンド ………………………………………………… 212 |

9-8	システム保守とハードウェア保守の違い
	システムエンジニア、カスタマーエンジニア ……………………… 214

9-9	サービスレベルの体系
	SLA …………………………………………………………………… 216

やってみよう
- システム情報を収集する
- systeminfo コマンドの表示例 …………………………………… 218

第10章 事例とこれから
～経営に貢献するITと近未来のサーバー～ 219

10-1	企業にサーバーはどれだけあるのか？　ケーススタディ①
	クラウド化 ……………………………………………………………… 220

10-2	企業にサーバーはどれだけあるのか？　ケーススタディ②
	オープン化 ……………………………………………………………… 222

10-3	経営や事業に貢献するIT
	効率化、生産性向上、戦略的活用、自動化・無人化、新しい体験 …… 224

10-4	近未来のサーバーとシステム
	仮想化、多様化 ………………………………………………………… 226

やってみよう
- 次世代のサーバーについて考える
- データの在りかとサーバー
- あなたの考える次世代のサーバー ……………………………… 228

用語集 …………………………………………………………………………… 230
索引 ……………………………………………………………………………… 234

第1章 サーバーの基本
～司令塔としての3つの形態～

1-1 システム、サーバー

》サーバーを理解することは システムを理解すること

システムとサーバー

　社会ではさまざまな**システム**が動いています。

　個人として利用するシステムでは、オンラインショッピングの注文システム、銀行やコンビニのATMシステム、Suicaなどの交通機関のシステムなどが身近な存在です（図1-1）。

　ビジネスという視点で見ると、企業や団体での業務システムが真っ先に頭に浮かぶでしょう。コンビニやスーパーのPOSシステム、工場の生産を管理するシステム、携帯電話の通話を管理するシステム、人工衛星を利用する科学技術のシステムなど、例を挙げるときりがありません。

　このような多様で規模も大小さまざまなシステムをひとくくりで理解するのは難しいことです。

　しかし、どのようなシステムも一定の規模の役割を果たすことを目的とするのであれば、必ず**サーバー**が存在します。

サーバーの役割

　大半のシステムは、外見であるハードウェアとしては、サーバーと配下のコンピュータ、そしてそれらをつなぐネットワーク機器で構成されています。サーバーはその中で**中心的な役割**を果たしています（図1-2）。

　また、中身であるソフトウェアとしては、「何がしたいか、何をさせたいか」に応じたアプリケーションソフトが動いています。サーバーは**アプリケーションソフトを動作させる主役**でもあります。

　このようにサーバーはシステムの中で重要な役割を果たしています。サーバーからシステムを見ていくことで、さまざまなシステムを理解することが容易になるとともに、やりたいことを実現するシステムがイメージできるようになるでしょう。

図1-1　社会に存在するさまざまなシステム

オンライン
ショッピングの
注文システム

銀行やコンビニの
ATMシステム

Suicaなどの
交通機関の
システム

図1-2　サーバーの役割

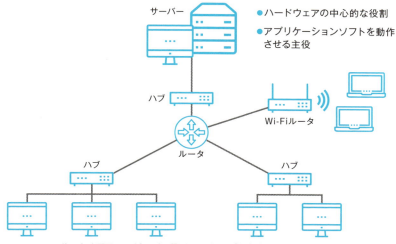

※サーバーと配下のコンピュータの間にはルータやハブなどのネットワーク機器がある

Point

- 社会にはさまざまなシステムがあるが、一定以上の規模であれば必ずサーバーが存在する
- サーバーはシステムの中で中心的な役割を果たしている

1-2 　　　　　　　　　　　　　　　　　　　　　　　利用形態

サーバーはシステムの司令塔

司令塔としての存在

　前節でサーバーはシステムにおいて、ハードウェアとソフトウェアの両面から重要な役割を果たしていることを述べました。これをスポーツの世界でたとえるなら「司令塔」のような存在です。たくさんの選手が同時に動いているサッカーやラグビー、その他の競技では司令塔が誰であるかが必ず話題になります。状況を分析して選手に適切な指示をする、選手の疑問に答えるなど、サーバーはまさにそのような存在です（図1-3）。

　近年はAIの活用により、まだ一部ですが判断を要することもできるようになりつつあります。

　スポーツの世界と異なる部分があるとすれば、**精神的な支柱ではない**ことです。あくまで技術的あるいはマネジメントの立場に徹しています。

サーバーの3つの利用形態

　サーバーには、次のように3つの利用形態があります（図1-4）。

- **クライアントからの要求に対応して処理を実行する形態**
　　サーバーに接続されているクライアントPCのような配下のコンピュータからの要求に対応して受動的に処理を実行します。
- **サーバーから能動的に処理を実行する形態**
　　サーバーが配下のコンピュータやデバイスに対して能動的に処理を実行します。
- **高い性能を活用した形態**
　　サーバー自体が高性能なハードウェアであることから、その特長を活かした処理を実行します。近年注目されている機能です。

　この後、それぞれの解説を進めていきますが、もちろん組み合わせて使われることもあります。

図1-3　サーバーはスポーツにおける司令塔のような存在

図1-4　サーバーの3つの利用形態

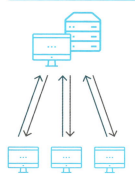
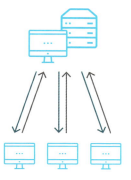

クライアントからの要求に対応して処理を実行する

サーバーから能動的に処理を実行する

サーバーの高い性能を活用

Point

- サーバーはシステムにおける司令塔のような存在
- サーバーには大きく3つの利用形態がある

1-3 クライアントからの要求に対応して処理を実行する形態

サーバーの基本的な利用形態

　サーバーといえば**クライアント**からの要求に対応することが基本的な利用形態です。「クラサバ」、「クライアント・サーバー」などと呼ばれるときは、そうした役割を期待されています。システムとしては配下のクライアントPCなどからの要求に応える処理で、クライアントからサーバーに要求することに始まり、サーバーは要求された処理を**受動的に実行**します。

　特徴として次の3点が挙げられます（図1-5）。

- サーバー1台に対してクライアントは複数台
- サーバーとクライアントで共通のソフトウェアを利用することが多い（サーバー用、クライアント用に分けられる場合もある）
- クライアントがサーバーに対して随時要求を上げてくる

受動的な利用形態の代表的な例

　受動的な利用形態の代表的な例として、次のようなものがあります（図1-6）。

- ファイルサーバー
- プリントサーバー
- メールやWebのサーバー
- IoTサーバー（デバイスが随時データを上げてくる場合）

　これまで一般的にサーバーと呼ばれていたものは本節で解説している**クライアントからの要求に対応する形態に属している**ことがわかります。企業や団体における業務システムも大半はこの形態です。しかしながら、それだけではないというのが現代のサーバーやシステムの興味深いところです。続いてサーバーから能動的に処理を実行する形態について見ていきます。

| 図1-5 | 受動的な利用形態の特徴 |

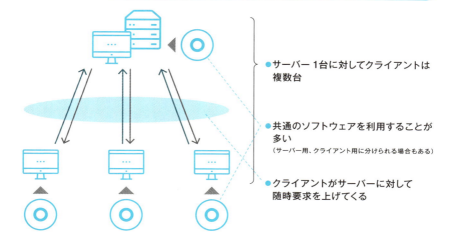

- サーバー1台に対してクライアントは複数台
- 共通のソフトウェアを利用することが多い
  （サーバー用、クライアント用に分けられる場合もある）
- クライアントがサーバーに対して随時要求を上げてくる

| 図1-6 | 受動的な利用形態の代表的な例 |

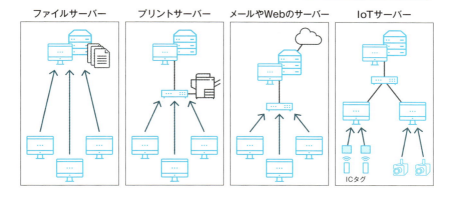

Point

- サーバーといえばクラサバなどの言葉のように配下のコンピュータからの要求に応える形態として捉えられることが多い
- 代表的な例として、ファイルサーバー、プリントサーバー、メールサーバーなどが挙げられる

1-4 サーバーから能動的に処理を実行する形態

配下のコンピュータやデバイスに対して能動的に処理を実行する形態

クライアントからの要求に対する処理との明確な違いは、**サーバーから処理を開始・実行する**ことです。サーバーがクライアントPCや配下のコンピュータ、デバイスに対して命令する、処理を実行する形態です。

特徴として次の3点が挙げられます（図1-7）。

- サーバー1台に対してクライアントは複数台
- 必ずしもサーバーとクライアントで共通のソフトウェアを利用するわけではない
- サーバー側で処理のタイミングを定めて実行する

能動的な利用形態の代表的な例

能動的な利用形態の代表的な例として、次のものがあります（図1-8）。

- 運用監視サーバー
- RPAサーバー
- BPMSサーバー
- IoTサーバー（IoTデバイスを呼び出す場合など）

上記の例を見ると、一般になじみは薄いのですが、**企業や団体のシステムや業務の運営において重要な役割を果たしているサーバーである**ことがわかります。

図1-7 サーバーからの処理の特徴

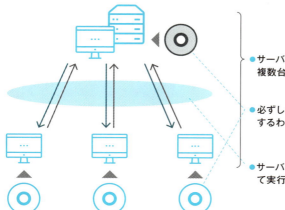

- サーバー1台に対してクライアントは複数台
- 必ずしも共通のソフトウェアを利用するわけではない
- サーバー側で処理のタイミングを定めて実行する

図1-8 能動的な利用形態の代表的な例

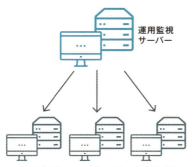

※その他のサーバーやネットワーク機器などの状況を見ている

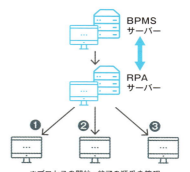

※プロセスの開始・終了の順番を管理

Point

- サーバーからクライアントへの能動的な対応は企業や団体のシステムや業務の運営において重要な役割を果たしており、今後増えていくことが想定される
- 代表的な例として、運用監視サーバー、RPAサーバー、BPMSサーバーなどが挙げられる

1-5 AI、ビッグデータ

高い性能を活用した形態

高性能な処理の特徴

　前節まではサーバーと配下のコンピュータという構成で、処理を実行するのがクライアント起点か、サーバー起点かの違いがありました。
　ここで解説するのはこれまでとは異なる観点での処理です。
　詳しくは第2章で紹介しますが、サーバーはPCと異なり**高い性能を有しています**。PCが普通の自動車だとすると、サーバーは用途に応じて性能や規模を変えることができるので、F1、戦車、大型トラックなどにたとえることができます。これらの車両は、一般の自動車とは異なる次元の高い成果を上げることができます。
　特徴は、次の通りです（図1-9）。

- サーバーとクライアントの構成とサーバー単体に近い構成もある
- サーバー側で独自の処理を実行する
- PCではできない高い性能が求められる

高い性能を活用した形態の代表的な例

代表的な例として、次のようなものがあります。

- AIサーバー
- ビッグデータサーバー

　例を見ると、今後の拡大が期待できる分野であることがわかります。
　ここまでサーバーの利用形態を大きく3つに分けて紹介してきました。「クラサバ」というイメージに捉われて考えてしまうと、サーバーからの能動的な処理や高い性能を活用した利用形態が見えなくなってしまう可能性があることが理解できると思います。現在のサーバーの利用方法にはさまざまな可能性があることを意識しておいてください（図1-10）。

| 図1-9 | 高性能な処理の特徴 |

- サーバー単体に近い構成もある
- サーバー側で独自の処理を実行する
- PCではできない高い性能が求められる

AI
- 人が行っていた各種の判断や分析
- 人よりも多くの学習データを必要とする

ビッグデータ
- 多様でかつ大量のデータ
- 高速度での分析
- 構造化データと非構造化データを組み合わせて分析することもある

| 図1-10 | サーバーのさまざまな形態 |

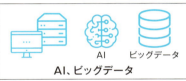
AI、ビッグデータ

最近話題のAI、ビッグデータ、IoTのサーバーなどは必ずしも従来のクラサバの形態を取るとは限らない

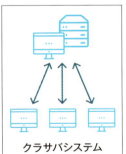
クラサバシステム

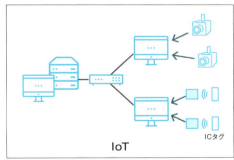
IoT

Point

- サーバーの高性能を活かした形態は、今後一層拡大していく可能性が高い
- サーバーの利用形態はクラサバだけでなくさまざまな可能性がある

1-6 クライアントPC、デバイス

サーバーに接続する機器

クライアントにはさまざまな種類がある

「サーバーに接続する機器は？」と質問されたら、多くの方は**クライアントPC**と答えるでしょう。以前からクライアント・サーバー、クラサバなどの呼び方があるくらいですから模範的な回答です。

クライアントPCといっても、デスクトップPC、ノートブックPCなどさまざまにあります。以前はこの2つが代表選手でした。

しかしながら、現在のリモート環境ということを意識すると、ノートブックPCに加えてタブレットなどもあります。さらに幅を広げるとスマートフォンなどもあり得ます（図1-11）。

リモート環境で接続する場合には第5章で解説するIMAPサーバーなどが必要になりますが、このような環境を構築している企業や団体も増えています。

多様化するデバイス

冒頭からサーバーと配下のコンピュータや**デバイス**という言い方をしてきました。

これは上記のクライアントPCだけでなく、IoT機器などもサーバーに接続するデバイスに含めたいからです。

例えば、図1-12のように、各種のカメラで取得した画像をサーバーで解析することもできます。

ICタグ自体はデバイスというほどの機能はありませんが、**ICタグの中のデータをサーバーに読み込ませて処理する**ことも行われています。

つまり、現在のシステムを考えるときにサーバーに接続できるデバイスは、PCやスマートフォン以外にもさまざまなものがあり多様化しているということです。

例えば、ドローンやネットワークに接続できるロボットなどであってもいいのです。

図1-11 多様化するクライアント

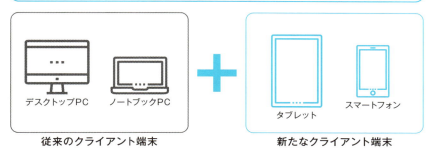

クライアントといえば、以前はデスクトップPCとノートブックPCを指していたがリモート環境の充実からタブレットやスマートフォンも仲間入りしている

図1-12 IoT時代で多様化するデバイス

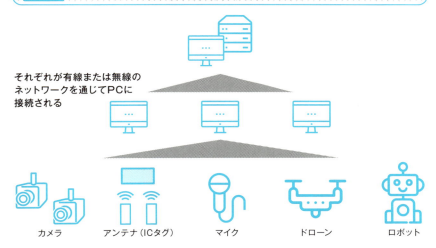

Point

- サーバーに接続する機器といえばPCが代表的だが、タブレットやスマートフォンなどリモート環境を通じて多様化している
- IoTという観点では、カメラ、ICタグ、マイク、ドローン、ロボットなど、目的に応じてさまざまなデバイスがサーバーの配下に接続されている

1-7 瞬発系、持久系

》 瞬発系か持久系か?

アプリケーションの視点

　サーバーを考えるときに何をしたいか・させたいかが重要であることは冒頭でも説明しました。本節ではアプリケーションの視点で考えてみます。

　普段利用するシステムでは、次のように大きく2つに分けることができます。

- **入出力を重視するシステム**
　　入力したデータに対して処理結果を迅速に返すシステムです。
- **集計や分析を重視するシステム**
　　個別に入力されたデータの集計や分析を重視するシステムです。

　図1-13は、現実にはどちらかといえばいずれかを重視するということですが、大半のシステムは両者を兼ね備えています。

瞬発力と持久力

　入出力を重視するシステムはレスポンスが重要ですから、早押しクイズのように瞬発力を重視するシステムです。集計・分析を重視するシステムは全体のデータの入力状況を見ながら処理を進めていくので、長時間にわたる入学試験のように持久力が要求されるシステムです(図1-14)。

　いずれにしても処理を間違うことは許容されません。

　近年注目されているプロセスを重視するシステムは後者に位置づけられます。

　ここまでサーバーの3つの利用形態や接続する機器に関して述べてきました。それらに加えてサーバーの中身としてのアプリケーションの特性も想定することができれば、システムやサーバーの検討は確実に前に進みます。

図1-13　入出力を重視するシステムと集計・分析を重視するシステム

図1-14　瞬発力が求められるタイプ、持久力が求められるタイプ

Point
- アプリケーションの視点では、入出力を重視するシステムか、集計・分析を重視するシステムかで考えるとわかりやすい
- 前者は瞬発力が求められ後者は持久力が求められる

1-8 システムをモデル化して整理する

モデル化の例

これまで述べてきたことを整理してみます。

図1-15のように各種のシステムに接続する機器とやりたいことをもとに整理してみます。最後の項目にはそれぞれのシステムの例におけるサーバーの利用形態を示しています。

例えば、サーバーがクライアントPCや各種のデバイスからデータを取得して更新するようなモデルであれば、使われるデバイスはさまざまです。仮に入出力を重視するシステムだとすると、瞬発力を発揮する高速なサーバーが必要と想定することができます。また、システムとしての物理的なイメージもわいてきます。

このように軸を決めて**モデル化**できると、関係者でシステムやサーバーに関する期待や要求を具体的に確認できるとともに、求めていない機能も明確にできます。

モデル化での留意点

何をしたいのか、どのような処理を求めているのかについて**関係者間で共通認識を持つ**ことが重要です。ここではわかりやすさのために接続する機器の種類や数量、さらにどのようなデータをやりとりするかから入って、入出力重視と集計・分析重視の2つにまとめています。

あらためて、どのように使いたいか、どのようなシステムなのかというサーバーの中身のソフトウェア的な要求と、箱であるハードウェアとしてのサーバーはどのようなものが適切かをあわせて検討していくことが必要です（図1-16）。

そのためには**中身と外見、アプリケーションソフトとハードウェアの両面から考える**必要があります。

図1-15 システムをモデル化して整理する

システムのモデル化の例
サーバーをいったん除いて考えるとわかりやすい

営業システム	接続する機器の例					ネットワーク	やりたいこと（入出力）	利用形態
	デスクトップ	ノートブック	タブレット	スマートフォン	カメラ			
	○	○	○	—	—	有線、無線キャリア	営業担当がお客様のデータを入力し、商品を手配する	受動的

生産管理システム	接続する機器の例					ネットワーク	やりたいこと（入出力）	利用形態
	デスクトップ	ノートブック	タブレット	スマートフォン	カメラ			
	○	—	—	—	○	有線LAN	工程の進捗をカメラで確認して、遅れなどがある場合はアラームを発する	受動的

審査システム	接続する機器の例					ネットワーク	やりたいこと（個別審査）	利用形態
	デスクトップ	ノートブック	タブレット	スマートフォン	カメラ			
	○	○	—	—	—	有線LAN	個人ローンのお客様の初回審査をAIで行う	受動的・高性能

購買予測	接続する機器の例					ネットワーク	やりたいこと（大量データ分析）	利用形態
	デスクトップ	ノートブック	タブレット	スマートフォン	カメラ			
	○	—	—	—	—	有線LAN	多様かつ大量なデータを分析して、商品の投入や展開時期を判断する	高性能

図1-16 ソフトウェアとハードウェアの視点からの要求

ソフトウェアの要求
- どのように使いたいか（瞬発力重視、持久力重視）
- どのようなシステムか（受動的、能動的、高性能）

ハードウェアの要求
- どのようなサーバーが適切か
- どのようなデバイスが必要か

適切なシステムとサーバーが決まる

Point
- サーバーの検討にあたって3つの利用形態をベースにモデル化して検討するとわかりやすい
- サーバーの中身のアプリケーションソフト、外見のハードウェアと登場人物（接続する機器）の両面で考える

1-9 システム構成

基本的なシステム構成

基本的なシステム構成の例

　ここまででサーバーとシステムに関しての基本的なことは理解できたかと思います。ここではシステム構成例に関して見ておきます。
　最もシンプルな構成は、**複数台のクライアントPCとサーバー1台**で、企業や団体の部門の業務システムやファイルサーバーなどの例です。
　図1-17ではサーバーを上に配置して下にクライアントPCを置いています。両者の間にはネットワーク機器のルータやハブがあり、LAN環境で接続されています。よくあるケースとしては企業や団体の部・課・グループごとにハブが設置されます。
　例えばハブのLANポート数が24なら、24人ごとにハブが必要ということになります。実際には1台のクライアントから複数のさまざまなサーバーに接続されています。

増えている無線LAN

　近年、個人宅でもWi-Fiを利用している方が増えているように、オフィスでの無線LAN[※1]の活用も増えています。
　図1-17と図1-18を比べると、図1-18の構成の方が有線のLANケーブルの敷設をする必要がないことから、オフィスレイアウトや座席などの自由度が高いことがわかります。

サーバーは司令塔

　図1-17と図1-18を見ると、サーバーがシステムにおける司令塔であるということを再認識できると思います。
　第2章ではハードウェアとしてのサーバーについて解説します。

[※1] 無線LANが増えている背景には、オフィスのレイアウトの自由度が向上していることに加えて、無線LANそのものの技術の向上、サーバーとクライアント、さらにソフトウェアの処理能力の向上などもある

図1-17　基本的なシステム構成

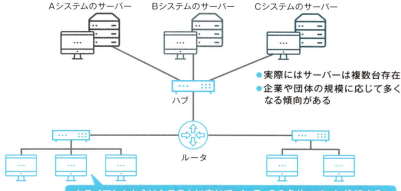

クライアントからはシステムに応じて、A、B、Cの各サーバーに接続する。この例では1台のクライアントからは1：3の関係に見える

図1-18　無線LANを活用した構成

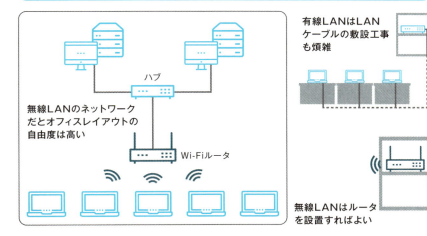

Point

- 基本的なシステム構成の例として、有線LANのネットワークであれば、サーバー、ルータ、ハブ、クライアントPCがある
- 近年は利便性からオフィスでも無線LAN接続が増えつつある

やってみよう

クラサバアプリを作る

　企業や団体の組織においては、情報を公開して共有するしくみや活動があります。次のような例が挙げられます。

- 担当者が関係者に情報を記載したメールを一斉配信する
- 専用のWebサイトに情報が表示される
- 関係者が閲覧できるファイルサーバーなどに情報ファイルを提供する
- 専用の情報共有システムがある

　2つ目のブラウザでWebページを閲覧するしくみは、クライアントがサーバーに処理を要求するアプリケーションの典型的な例のひとつです。
　実際にWebページを作成してみたいと思います。
　取りあえず2つまたは3つ程度の項目でよいので、共有したい情報を挙げてみてください。数字で表すことができる項目がお勧めです。

共有したい情報の例

○ 共有したい情報の例

項目名	内容または例
Aサービスの契約件数	本日現在〇〇件
Aサービスの契約金額	本日現在　5,000千円
B商品の売上高	昨日現在　1,500千円

○ 共有したい情報

項目名	内容または例

（続きは60ページ）

第2章 ハードウェアとしてのサーバー
〜多様性とPCとの違い〜

2-1　　高信頼性、高可用性

》 PCとの構成の違い

サーバーは止められない

　サーバーとPCとの大きな違いは、サーバーは24時間の稼働で運用し、止めることができないということです。PCはユーザーが出社してから電源を投入して退社時には電源を落とすのが一般的ですが、**サーバーの電源を落とすことは基本的にはありません。**

　もしサーバーが停止してしまうと、対象の業務や利用しているユーザー全体に影響が及びます。したがって、止めることができないということを前提としたハードウェア構成となっています。

　PCとの大きな違いは次の通りです（図2-1）。

- CPU、メモリ、ディスクなどのユニットごとに交換や増設ができるようになっている
- 各種部品で二重化などが施されている

構造上の違い

　PCはマザーボード上の狭いスペースに、CPU、メモリ、ディスクなどが効率よく配置されています。

　それに対して、サーバーは図2-2のように交換や増設を想定して整然と配置されています。

　サーバーは個々の部品の**信頼性が高い**だけでなく、万が一のときにも運用を停止することなく、一部のユニットの交換ができるしくみなどを搭載しているタイプもあります。また、増設などもしやすい構造になっています。

　サーバーはそもそも部品の性能がよく、さらに二重化も含めた高信頼性に加えて、できるだけ運用を停止しない構造であることから、持続的に利用できる**高い可用性**も有しています。

　なお、障害対策については第9章で解説します。

図2-1　サーバーとPCの大きな違い

	サーバー	PC
1日の稼働時間	24時間 ※1	ユーザーの勤務時間 ※仕事で利用する場合
信頼性	●基本的に止めない ●再起動もできるだけしない	不具合があれば、適宜再起動を行う
拡張性	●運用を停止することなく、各ユニットの交換が可能なタイプもある ●増設もしやすい	●交換・増設時は運用を停止 ●機器によっては増設が困難
可用性、耐障害性	電源、ディスク、ファンなどを二重化	大半は二重化されていない

図2-2　サーバーの構造

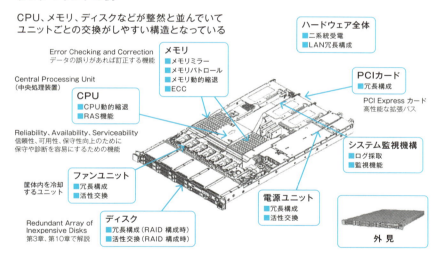

Point

- PCを仕事で使う場合では勤務時間の稼働が求められるが、サーバーは24時間365日の稼働が求められる
- 運用を止めないためにPCとは異なる構成となっている

※1　サーバーが24時間稼働することを、24/7（トゥエンティフォー・セブン）、24時間365日などと表現する

2-2 表示性能、I/O性能

≫ PCとの性能の違い

求められる性能の違い

　私たちが何気なく使っているPCでは、ユーザーの操作が正しく反映されているか目視できる**表示性能**が重要です。

　表示性能とは自らが叩いたキーボードのキーやマウスのクリックなどを正しくかつリアルタイムで表示することで、これらを前提として**さまざまなアプリケーションソフトの処理が行われています**。

　いわれてみれば当たり前のことなのですが、そのようなことを意識しないで使えるくらい現代のPCやスマートフォンなどは性能が高いということでもあります。

　一方で、サーバーにとってはさまざまな処理が適切に行われているかが重要です。

　サーバーは入力（Input）に基づいて処理結果を出力（Output）しており、これらのI/Oを絶え間なく実行している中でシステム全体の状況、負荷を監視し、さらに自らの性能が発揮できるかまで考えています。

　図2-3を見ると違いがわかりますが、サーバーは表示性能よりも**I/O性能**を重視しているといえます。

ユニットの性能の違い

　求められる性能の違いは上記の通りですが、それらに加えてサーバーとPCではもちろん**個々のユニットの性能にも大きな差があります**。

　サーバーは処理量がPCよりもはるかに大きいことから、性能と信頼性がより高いCPU、メモリ、ディスクなどから構成されています。さらに、それらの搭載数量や容量も図2-4のように多くなっています。

　このような各種ユニットの搭載状況の違いからすれば、サーバーがPCより高価なのは仕方がないことでしょう。

| 図2-3 | 表示性能とI/O性能 |

主に表示性能
キーボードやマウスなどの操作の表示を重視する

PC

主にI/O性能
入出力によるシステム全体の状況、負荷、性能を重視する

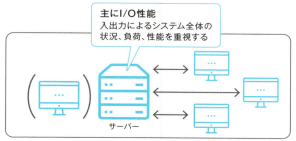
サーバー

- サーバーは表示性能よりI/O性能を重視している
- サーバーの場合は初期のセットアップや障害の調査・復旧メンテナンスを除いてはモニターを接続しないこともある
- クライアントPCをモニターとして使うこともある

| 図2-4 | ユニットの性能の違い |

PC

サーバー

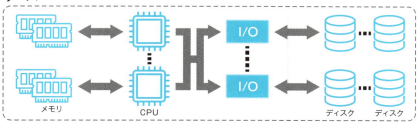

サーバーのCPU、メモリ、ディスクなどの性能や信頼性はPCより高く数量も多い

Point

- PCは表示性能を重視するが、サーバーは表示性能だけでなく処理の性能（I/O性能）も重視している
- サーバーはCPUなどの個々のユニットがPCと比較して高性能となっている

Windows、Linux、UNIX

>> サーバーのOS

3種類のサーバーのOS

サーバーのOSは歴史的な変遷を別として現在の主流ということで考えると、次の3つに集約されます。

- Windows Server（マイクロソフトが提供）
- Linux（オープンソースOSの代表格、商用OSとしてはRed Hatなどが提供）
- UNIX系（サーバーのメーカー各社が提供）

日本市場ではWindowsが5割を占めていて、LinuxとUNIX系がそれぞれ2割前後、そしてメーカーの独自OSなどが続いています。

例えば20年前であれば、UNIX系とITベンダー各社の独自のサーバー用OS（オフコンなどと呼ばれていた）が主流でしたが、Windows PCとLinuxの伸長から現在の状況に至っています。簡単に年表で整理した図2-5をご覧ください。その歴史はUNIXから始まります。

各OSのメリット

Windows ServerはサーバーのOSですが、**Windows PCと同じようなユーザーインタフェースで操作できる**ので比較的わかりやすいです。さらに**企業や団体で必要とされるような、機能があらかじめパッケージになっていてマイクロソフトのサポートもあります**。

Linuxの場合は、Windowsでいえばコマンドプロンプトの画面を使う人がまだまだ多いです。最近はさまざまなツールが利用されているようです（図2-6）。ただし、無償のモジュールや必要な機能を積み上げていけばいいので、**比較的シンプルで安価にシステムを組むこともできます**。

取りあえずということであればWindowsの方が無難でしょう。いろいろと調査したうえで、必須の機能からLinuxで取り組むという選択肢もあります。

図2-5　サーバーOSの今と昔

```
          1970        1980          1990          2000
UNIX            AT&Tで開発され、80年代に今の形に
Linux                     Linus Torvalds氏がUNIXを参考にして開発
Windows                         NT3.1をリリース　Windows Serverは2003年から
```

- サーバー用OSは多数のクライアントからの同時アクセスに応えられる性能を備えている
- Linuxは歴史的背景からUNIX系との親和性が高い
- UNIX系は過去のソフトウェア資産の活用や長期間の連続運用に応えるサーバーOSとして現在でも根強い支持があるが、典型的な利用用途では同等の機能を持ったLinuxの利用が増えつつある

図2-6　Windows ServerとLinuxの画面例

Windows Serverの
ファイルのアクセス権の設定画面

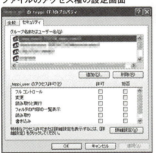

Linuxのファイルのアクセス権の設定画面

```
$ls -l afile.txt
-rw-rw-r-- 1 tkato tkato 0  1月 28 13:23 afile.txt
$chmod 777 afile.txt
$ls -l afile.txt
-rwxrwxrwx 1 tkato tkato 0  1月 28 13:23 afile.txt
$
```

- Windowsの場合はGUIで設定を選定する
- LinuxやUNIX系はコマンドで設定する人がいまだに多い
- chmodはアクセス権（パーミッション）の設定・変更のコマンド
- 777は、すべての利用者が対象ファイルの読み取り、書き込み、実行のすべての権限を持つ
- ちなみに755だと、所有者はすべての権限を持つが、グループとその他の利用者は読み取りと実行のみに制限される

Linux アクセス制御
リスト編集ツール
Eicielの例

- Linuxもツールを活用して設定することができる
- 左記はEicielの画面例
  （https://rofi.roger-ferrer.org/eiciel/screenshots/）

Point

- 現在、サーバーのOSはWindows、Linux、UNIX系の3つが主流となっている
- なかでもWindows ServerとLinuxが大勢を占めるが、ニーズや目的に応じた導入が進められている

2-4 サーバーの仕様

電源、冗長性

サーバーの基本的な仕様

　自動車の仕様はカタログを見ると、全長などの寸法、重量、定員、エンジンと排気量、変速機などが並んでいます。サーバーでいえばCPUがエンジンにあたるでしょう。

　サーバーやPCも自動車と同じように、基本的な仕様として、形状（**2-5**参照）・サイズ、CPUの数と種類、メモリ容量、内蔵ディスク容量などが並んでいます。メモリやディスクは搭載可能な数量と容量とともに、実装されている数量・容量が記載されることが一般的です。

　図2-7では仕様の例を紹介しています。

　その他にも項目は並びますが、サーバーで注意してほしいのは電源や冗長機構[※2]に関する項目です。

　大型のサーバーは大きな電源を必要とするので、導入に際して電源工事が不可欠な場合があります。サーバーの導入の現場では、購入はしたものの工事の手配がされていないので利用することができていないということがよくあります。

サーバー選定の工夫

　サーバーのメーカー各社や販売会社のWebサイトを見ると、以前に比べるとかなりわかりやすくなったと感じています。

　昔はサーバーの選定となると、必要な処理性能やデータ量などを計算してサーバーの性能と照らし合わせて選定をしていました。

　ところが今では、「**ユーザーの人数**」や「**用途**」などから検討することができます（図2-8）。

　例えば、「私の部の50人で利用するファイルサーバー」などの情報があれば、人数と用途から早見表のような形式でお薦めのサーバーが提示されるので、そこから選定することができます。

　サーバーも身近な存在になってきたということでしょう。

[※2] システムに障害が発生したときを想定した予備の装置としくみ

| 図2-7 | サーバーの仕様の例 |

項目	個別製品の仕様
形状・サイズ	例：タワー型、ラックマウント型など
CPUの数・種類	例：インテルXX、1/2（2個搭載可能で1個搭載など）
メモリ容量	例：最大3,072GB
内蔵ディスク容量	例：10/20TB
電源ユニット[※3]	例：250W、300W、450Wなど
冗長ファン	例：有無

| 図2-8 | サーバーの選定 |

現在では専門的な知識を持っていなくても多くの人がサーバーの選定ができるような時代になった

Point

- サーバーの仕様はPCと大きくは変わらないが、電源や冗長機構はチェックする
- 最近ではさまざまな情報が提供されており、サーバーの選定も専門的な知識がなくてもできるようになりつつある
- 用途やユーザー数などからサーバーをイメージすることもできる

※3　一般的なノートブックPCの電源は70W前後

2-5 多様な形状

タワー、ラックマウント、ブレード、高密度

形状による種類

サーバーには、形状により主に3つの種類があります（図2-9）。

- **タワー**
  デスクトップPCと同様な直方体形状です。PCを大きくしたような形状です。
- **ラックマウント**
  専用のラックに1台ずつ設置するタイプです。拡張性や耐障害性に優れています。ラック内で増やしていくことで拡張でき、専用のラックに守られているので耐障害性もあります。
- **ブレード、高密度**
  ラックマウントの派生形で主に大量にサーバーを利用するデータセンター向けのタイプです。共通部品はラック側にあって、薄く小型化したサーバーが狭いスペースに集中的に設置できるようになっています。集積率が極めて高いという特徴があります。

その他の形状

大型コンピュータのメインフレームやスーパーコンピュータは、ユニットごとにそれぞれ**専用の筐体**を持っています（**2-12**参照）。さらに、CPU・メモリ、ディスクなどの筐体が別になっています（図2-10）。

メインフレームは企業や団体では、情報システム部門などが管理している専用の建物やフロアに設置されることが一般的です。

情報システムの仕事に携わっていない方が見ることは難しい設備ですが、機会があればぜひ見てみてください。

人の背丈より高い筐体が並ぶ光景は圧巻です。

図 2-9	多様な形状

タワー

タワーは小型のPCサーバー（それでもPCよりは大きい）から大型のUNIX系まで、サイズがさまざま

ラックマウント

ラックマウントでは専用ラックに設置する

ブレード

高密度

- データセンター向けのブレードや高密度などもある
- ブレードはラックマウントを薄型化または小型化している形態
- 高密度はさらにそれを進めた形態

図 2-10	メインフレームとスーパーコンピュータ

メインフレーム

メインフレームはCPU・メモリ、ディスクなどで筐体が分かれる

スーパーコンピュータ

- スーパーコンピュータはまさにコンピュータの頂点
- 最高の性能を追求し、メインフレームより大きい

Point

- サーバーは形状で分けると、タワー、ラックマウント、ブレード・高密度の主に3つの種類がある
- メインフレームやスーパーコンピュータは、ユニットごとに人の背丈より高い筐体に分かれて並んでいる

2-6 PCサーバー、x86サーバー、RISC

》サーバーのスタンダード PCサーバー

PCサーバーの仕様

　PCサーバーは簡単にいうと、PCと同じような構造でPCが大型化したようなサーバーです。IA（Intel Architecture）サーバーなどと呼ばれることもあります。

　日本国内でのサーバー全体の出荷台数は毎年40万台を超えていて、その中の約7割をPCサーバーが占めています（図2-11）。

　PCサーバーは、以前はPCよりは性能がよいという程度だったので、サーバーとしては長らく低い地位に置かれていました。しかしながら、近年の性能の向上や多様化により、中・小規模の業務であればPCサーバーで対応が可能なことから**サーバーのスタンダード**になっています。

　少し細かくいえば、Intelのx86（エックスはちろく）というCPUや互換のCPUを内蔵することから、**x86サーバー**と呼ばれることもあります。

　CPUの基本設計はCPUアーキテクチャと呼ばれます。サーバーの形状がタワーであろうと、ラックマウントであろうと、搭載されているCPUがx86系であれば、x86サーバーに位置づけられます。

　CPUアーキテクチャの概要は図2-12をご覧ください。

PCサーバー以外

　CPUのアーキテクチャの話をしてきましたが、x86以外の代表格として**RISC**というアーキテクチャのSPARC（Oracle、元サン・マイクロシステムズ）があります。同様なタイプにIBMのPowerなどがあります。UNIX系用で、処理性能はPCサーバーよりも上です。

　なお、統計上、サーバーというときに、PCサーバー、UNIX系サーバーの他にメインフレームやスーパーコンピュータも含みます。

　PCに対して、それ以外をサーバーとする考え方がもとになっています。

図2-11　サーバーの日本市場の概要

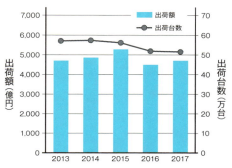

国内サーバー市場の推移：2013〜2017年

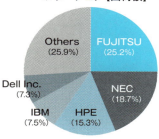

2017年 国内サーバー市場ベンダーシェア【出荷額】

Total＝4,698億円

出典：「2017年 国内サーバー市場動向を発表」（IDC Japan、2018年3月28日付プレスリリース）
（URL：https://www.idcjapan.co.jp/Press/Current/20180328Apr.html）

図2-12　CPUアーキテクチャ

メモリ空間にデータ（お寿司の握り）がある

命令に従ってCPU内部のレジスタ（小皿）で取り出した穴子握りにタレが塗られる

CPUに、穴子の握りを取り出してタレを塗ってと命令する

…メモリ内部でのデータの並べ方：バイトオーダー（順）、Endianなどと呼ばれる

…CPU内部のレジスタでの処理

…CPUに命令するときの言葉：命令セット

CPUによって、これらのしくみが異なる

Point

- PCサーバー（x86サーバー）は性能の向上から、現在ではサーバーのスタンダードになっている
- PCサーバーの他に、UNIX系サーバーやメインフレーム、スーパーコンピュータもサーバーとして位置づけられている

2-7 上位機種、スタンダード

サーバーのグレード

上位機種とスタンダード

　サーバーにメインフレームやスーパーコンピュータを含めるとすると、これらを最上位と位置づけることに異論はないでしょう。

　前節までで形状も含めた多様な種類を解説しましたが、**上位機種**と**スタンダード**などのように分けられることがあります（図2-13）。

　自動車はサイズと排気量を中心としているのでわかりやすいのですが、サーバーはメーカーによって考え方が異なっています。

　参考として頭に入れておいてください。

　なお、サイズが大きいものは一般的に高額です。

上位とスタンダードの分け方

　基本的には高信頼性や高性能という観点で分けていますが、その分界点にはいくつかの考え方があります。

　先ほどの最上位を除いた上位の考え方です。

- 冗長機構が充実しているタイプを上位とする
- x86サーバーをスタンダードとしてUNIX系などを上位とする

　このあたりはメーカーや販売会社のラインナップや販売戦略によるもので統一はされていません。

　とはいえ、上位とスタンダードを見抜くポイントは図2-14の通りです。

- 形状は度外視して、まずはCPUとOSを確認する
- 違いがなければ冗長機構の充実度合いで見極める

　結果的にたいていの場合、上位機種は高額です。

図2-13　サーバーの上位機種とスタンダード

最上位　メインフレーム／スーパーコンピュータ

上位
- 冗長機構が充実している
- CPUなどの性能が極めて高い

UNIX系

スタンダード　x86サーバー、IAサーバー

図2-14　上位とスタンダードを見抜くポイント

形状は度外視	CPU、OSなどを確認	冗長機構の充実度合い

- Windows Server
- Linux
- UNIX系

二重化（A）

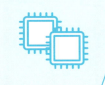
負荷分散（B）

※一般的にサイズが大きいものは高額

Point

- サーバーは個々のメーカーの考え方で上位とスタンダードに分けられている
- 上位とスタンダードの見極めは、CPUやOS、冗長機構などから判断できる

2-8　LAN、TCP/IP、WAN、Bluetooth

≫ ネットワークの基本はLAN

基本はLAN、TCP/IP

　これまでもサーバーとクライアントなどをシステム構成などで説明してきましたが、ネットワーク接続の基本は**LAN**です。**TCP/IP**と呼ばれるネットワークの共通言語（プロトコル）で通信を行います。
　見た目としてはLANケーブルを利用する有線LANか、ケーブルを利用しない無線LANになります（図2-15）。
　LAN以外のネットワークで何があるかというと、大きな視点では通信事業者が提供している**WAN**が代表選手で、小さな視点では端末同士の**Bluetooth**通信などがあります。いずれも絶え間なく高速な処理をする通信には向きません。

増えている無線LAN

　以前はサーバーのネットワークといえば有線LANが基本でしたが、近年、**無線LANの利用が増えています**。もちろんサーバーとネットワーク機器の間は従来通り有線LANで、クライアントとネットワーク機器の間を無線LANで接続します。
　理由として、次のような変化があります。

- オフィスでフリーアドレス（座席を固定しない）制を採用する企業や団体が増えていること
- 外部から接続するノートブックPC、タブレット、スマートフォンなどの機器の利用が増えている
- 無線LAN機器そのものの性能向上、サーバー、クライアント、各種ソフトウェアの性能向上によるネットワーク負荷の軽減

　今後はLANケーブルやハブの姿を見る機会は減っていくでしょう。

図2-15　**LAN、WAN、Bluetoothのしくみ**

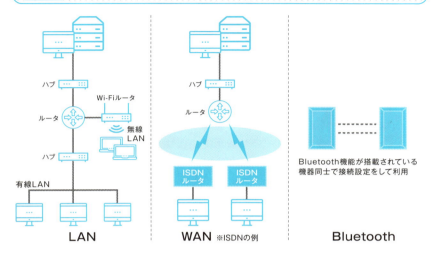

図2-16　**無線LANが増えている背景**

Point

- サーバーのネットワーク接続の基本はLAN
- クライアントからサーバーへの接続は無線LANが増えている

2-9 データセンター、オンプレミス

≫ サーバーの設置場所

社外に設置するのが増えている

　以前はサーバーを自社に設置して運用するのが主流でしたが、現在は**データセンター**に設置するケースも増えています。さらに、自社ではサーバーを持たないでデータセンターにあるサーバーをレンタルするなどの選択肢もあります（図2-17）。

　自社に設置することを**オンプレミス**（on-premise）といいます。

　オフィスのフロアの片隅にある専用のラックや、情報システム部門が管理している専用のフロアやラックに設置されることが一般的です。

運用形態によるメリット・デメリット

　自社に設置した場合は、自らもしくは契約しているメンテナンスサービス事業者が管理します。

　データセンターとの契約ではデータセンター事業者が管理するため、ユーザーはサーバーを管理する必要がないので利用することに集中できます。オンプレミスとデータセンター利用のそれぞれのメリットを見てみます。

- **オンプレミスの利用**
　　自社で自由に設定できるが、メンテナンスは必要で、データが外部ネットワークに出ません。
- **データセンターの利用**
　　メンテナンスはサービス事業者にお任せで、データが外部ネットワークに出ます。

　データセンターとの契約を好まない企業や団体はデータが外部に出ることを気にしています。

　図2-18にメリットに加えてデメリットもまとめておきます。

> 図 2-17　データセンターとオンプレミスの違い

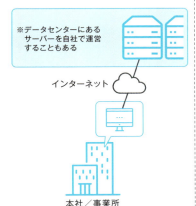
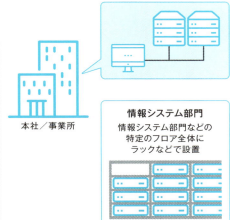

> 図 2-18　データセンターとオンプレミス利用のメリットとデメリット

	メリット	デメリット
データセンター	●条件が合えばすぐに使える ●メンテナンスはデータセンター事業者 ●自社よりコストが低くなることが多い	データが外部のネットワークに出る
オンプレミス	●自社で自由に設定できる ●サーバー導入に関するスキルが身につく	●設置に至るまでの工数は必要 ●メンテナンスが必要 ●コストは低くはない

Point

- サーバーは自社に設置するだけでなく、データセンター事業者を活用する選択肢もある
- 運用形態によってメリットとデメリットがある

2-10 SaaS、IaaS、PaaS

クラウドサービスの種類

クラウドはさまざまなシステムの基盤となる環境

クラウドは自社ではサーバーなどの関連するIT資産を持たないで、インターネットの向こう側からサービスを受ける概念を指す言葉として認知を得ています。急速に広まっていて、今では**さまざまなシステムの基盤となる環境**になりつつあります。

図2-19ではオンプレミスとクラウドの場合のサーバーの設置場所を示しています。

クラウドの3つの主流サービス

SaaS（Software as a Service）、**IaaS**（Infrastructure as a Service）、**PaaS**（Platform as a Service）が現在の主流となっています（図2-20）。

最もわかりやすいのはSaaSです。ユーザーは必要なシステムに関して丸ごと提供を受けるタイプです。例えば、ユーザーはサービス事業者が提供する交通費精算システムをネット経由で活用しますが、アプリケーションだけでなくサーバーやネットワーク機器なども意識することなく使います。特に**小規模なシステム**であればSaaSが選択されることも増えてきました。

IaaSはOS以外には何もインストールされていないサーバーを契約します。ユーザーが使うアプリケーションや関連して利用するデータベースなどのミドルウェアを自らインストールします。

PaaSはIaaSとSaaSの中間にあたるもので、データベースなどのミドルウェアや開発環境などを含んでいます。

上記のように、「aaS」を使った言葉はMaaS（Mobility as a Service）などのように広がっています。

BaaSというと、Backend、Blockchain、Bankingのように業界によって意味が異なる場合もありますから、こういった略称を使うときには注意しましょう。

図 2-19　オンプレミスからクラウドへ

企業／団体のオンプレミス
オンプレミスではサーバーの姿を見ることができる

クラウド事業者
クラウドだとサーバーの姿が見えないので存在を意識しない

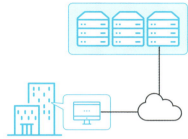

※クラウドサービスを提供する事業者のデータセンターにインターネット経由でアクセスする。
クラウドの事業者としてはAmazon、マイクロソフト、Google、富士通、IBMなどがしのぎを削っている

図 2-20　SaaS、IaaS、PaaSの関係

- サーバー、ネットワーク機器
- OS
- アプリケーションの動作を支えるミドルウェア
- アプリケーションの開発環境
- 業務システムなどのアプリケーション

SaaS
PaaS
IaaS

- 小規模なシステムを中心にSaaSは広がっている
- ソフトウェアによっては環境構築に時間を要することがあるのでPaaSやSaaSを推奨

Point
- インターネットを介してシステムを利用するサービスは、総称してクラウドと呼ばれている
- SaaS、IaaS、PaaSなどのサービスが代表的

2-11 クラウドのメリットと留意すべきポイント

メンテナンス、コスト、秘密情報

クラウドのメリット

急速に拡大してきたクラウドサービスですが、大きく次のメリットがあります（図2-21）。

- **メンテナンス不要**
  特にSaaSはすべて込みで使うだけですから簡単です。
  またサーバーやネットワーク機器の購入やメンテナンスを考える必要もありません。
- **柔軟な対応**
  業務の拡大や縮小などに対するサーバーの増設や縮小などに臨機応変に対応できます。
- **比較的コストが低い**
  自社での購入、開発、運用と比較しても、コストが抑えられます。

クラウドサービス提供者は同じようなことを希望するユーザーを多数扱っているわけですから、サービスによっては確実にコストメリットが出ます。また、SaaS、IaaS、PaaSなど、ニーズに応じたサービスを選定できます。

留意すべきポイント

留意しなければならないポイントとして、**データの扱い**があります。
クラウドを使うと、その中を流れるデータはサービス事業者のサーバーに入ることになります。したがって、秘密情報や個人情報など、高いセキュリティレベルが要求されるものを外に出してよいかということはたびたび議論されます（図2-22）。

昨今の大企業における個人情報の流出問題も関連しているかもしれません。クラウドサービスを利用しない企業はこのポイントを気にしています。

図2-21　クラウドのメリット

メンテナンス不要：サービス事業者がメンテナンスを行う

柔軟な対応：業務の拡大や縮小などによる増設・縮小などに臨機応変に対応

コストが安い：サービス事業者は同種の顧客を多数扱っていることによる

図2-22　留意すべきポイント

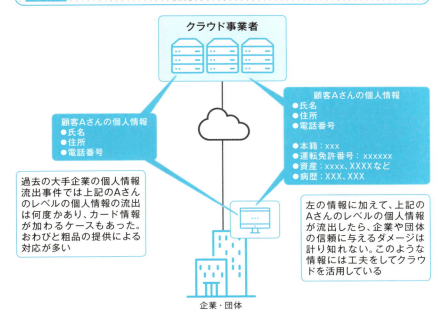

Point

- クラウドサービスは、メンテナンスやコストの観点からさらに拡大していく可能性が高い
- サービス事業者の設備にユーザーのデータが入ることから、取り扱う情報によっては外に出すことをためらっている企業などもある

2-12 メインフレーム、スーパーコンピュータ

メインフレーム、スーパーコンピュータとの違い

メインフレームはサーバー？

メインフレームは汎用機や汎用コンピュータとも呼ばれています。大型のコンピュータで商業統計上はサーバーの一部にもなっています。

「汎用」と呼ばれるのは、それまで科学技術用、ビジネス用と分けられていたところ、1960年代に入っていずれにも対応できるようになったからです（図2-23）。

筆者個人としては、一般的なサーバーとは異なるものと考えています。その理由は次の通りです。

- **OSとハードウェアが個別仕様であること**
  日本市場では、IBMのzやMVS、富士通のMSPやXSP、NECのACOSなどが挙げられます。いずれも各社の汎用機に専用のOSです。
- **ユニットごとに筐体が分かれている**
  CPU・メモリ、ディスクなどでそれぞれ筐体が異なります。CPUやディスクなどは数量に応じて筐体が分かれることもあります。最近は小型化へのニーズから筐体を一緒にした集約型などといわれる製品もあります。
  いずれにしても一般のサーバーよりも広いスペースを必要とします。
- **信頼性が極めて高い**
  一般のサーバーよりも信頼性が高いです。全体としてコストが高いのも事実です。

コンピュータの頂点スーパーコンピュータ

スーパーコンピュータは科学技術計算用に特化したコンピュータで、その性能からまさに**コンピュータの頂点**といえます。

スーパーコンピュータは、メーカー各社がその時代の最高の性能を追求しているコンピュータです（図2-24）。

図2-23　メインフレームの特徴

メインフレーム

本番系#0

待機系#1

- 企業や団体の大規模な基幹業務で使われている
- 堅牢性が売りだが比較的コストは高い
- 本番系と待機系の二重化された構成を取ることが多い

ハードウェア構成概要

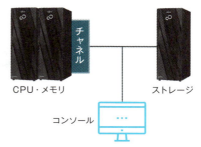

CPU・メモリ　チャネル　ストレージ
コンソール

- メインフレームでは管理のための操作は「コンソール」と呼ばれる専用の入出力装置を使う
- チャネルと呼ばれる専用の装置を通じてCPUとストレージなどの周辺装置との接続を行う

図2-24　スーパーコンピュータの特徴

- 「スパコン」とも呼ばれている
- 計算機能、通信性能、記憶容量を追求している
- 最近は低消費電力もテーマとしている

関連用語：筐体（きょうたい）

ハードウェアの専用の外箱をいいます。
サーバーなどの筐体の機能として次のものが挙げられる。
- 外部からの衝撃を和らげる
- 防塵、防音、一部に防水対応のタイプもある
- 熱対策

Point

- メインフレームはOSを含め個別仕様となっているが、信頼性は非常に高く価格も高い
- ユニットごとに筐体が分かれていて広いスペースを必要とする
- スーパーコンピュータはまさにコンピュータの頂点

2-13 ミドルウェア、DBMS

≫ サーバー専用のソフトウェア

ミドルウェアとは？

ミドルウェアはソフトウェアを階層的に表現すると、OSとアプリケーションの間で、**OSの拡張機能やアプリケーションに共通する機能を提供する役割**を果たしています。逆の言い方をすれば、各アプリケーションで共通する機能を持つ必要はなくなります。

サーバーとPCでは役割が異なることから、ミドルウェアに要求される機能は異なります。サーバーが郵便局だとして、郵便を各家庭に配達したり、調整などもして外国に送ったりする役割を担うとすれば、PCは自宅の郵便受けに入っている郵便を受け取ったり、ポストに投函したりする役割を持つという違いがあります。

なお、ミドルウェアとしてはDBMS、Webサービスなどがポピュラーです。

図2-25ではハードウェアも入れて4階層で表現してみました。

ミドルウェアの代表選手DBMS

例えば、DBMS（DataBase Management System）はデータを保管する器として、**データのやりとりから保管までを効率化**します。

大量のデータを扱うシステムであればバックヤードにはほぼ必ずDBMSが存在するといってもよいでしょう。

アプリケーションの開発者からすれば、DBMSで公開されているインタフェースやデータのフォーマットに合わせることができれば、DBMSであるOracleやマイクロソフトのSQL Serverなどがデータの保存、検索、分析などの共通の機能を提供してくれます。

図2-26のように、ユーザーからは業務アプリケーションしか見えないのですが、裏ではDBMSが存在してデータ処理をしていることがよくあります。

図2-25 ソフトウェアの階層

階層	例
アプリケーション	例：業務システム、Excel
ミドルウェア	例：DBMS、Webサービス
OS	例：Windows、Linux
ハードウェア	例：サーバー、PC

DBMSの例

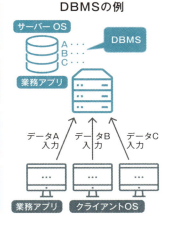

図2-26 DBMSの例

ユーザーからは業務アプリケーションの画面しか見えないが裏ではDBMSが動いていることが多い

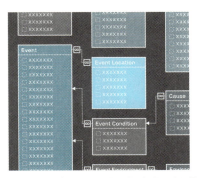

- 上記はRDB（リレーショナルデータベース）の例
- データの重複がなく検索がしやすい

Point

- サーバーを活用するアプリケーションではミドルウェアを活用することが一般的となっている
- DBMSはミドルウェアの代表選手である

やってみよう

クラサバアプリを作る～HTMLファイルを作成する～

　共有したい情報に基づいてWebページを作成してみます。実際のコードをHTMLに従って書いてみましょう。先ほどの例の中から2つの項目を共有するとします。

- Aサービスの契約件数　〇〇件
- Aサービスの契約金額　〇〇円

共有したい情報の例

○ HTMLのコードの例

```
<html>
<head>
 <title>情報共有サンプル</title>
</head>
<body>
4月1日現在 <br>
・Aサービスの契約件数……10件 <br>
・Aサービスの契約金額……5,000,000円 <br>
</body>
</html>
```


は改行を意味する

　リアリティを出すために日付と具体的な数字を加えました。また、見やすくするために、行頭に中点（・）をつけています。
　拡張子を.htmやhtmlとして適切なファイル名をつけて保存してください。
　保存したファイルをブラウザで開くと、次のように表示されます。

○ HTMLファイルを開いたときの見え方

```
4月1日現在
・Aサービスの契約件数……10件
・Aサービスの契約金額……5,000,000円
```

　共有したい情報を実際に書き込んでファイルを作成してみてください。

（続きは84ページ）

第3章 サーバーで何をするか？
～仮想化と周辺機器～

3-1 最初はシステム、次にサーバー

システム化の検討

　第1章ならびに第2章でサーバーの概要や基本について解説してきました。第3章ではサーバーだけでなく、その周辺と関連する技術などにも目を向けます。

　システム化の検討に際しては最初にどのようなシステムが必要かを考えます。

　本書ではサーバーをテーマとしていますが、実は**サーバーの検討を始めるのはシステムのイメージができた後**なのです。

　図3-1のように、システムのユーザーや企画者が「このようなシステムにしたい」と頭に描いたものを具体化していく中で、どのようなサーバーが必要か検討していきます。

　このときに役立つのが、第1章で見た3つの利用形態や入出力、集計・分析などのモデル化による整理です。一例ではありますが、軸があることでシステム化の検討は速やかに進みます。

　「このようなシステムにしたい」が確実にイメージできれば、どんなサーバーが必要か想定できます。

検討するシステムの具体化

　システムに対するイメージが見えてきて、さらに利用するユーザーの人数や拠点（サイト）の数などのシステムの規模に関する具体的な数字を把握します。具体的な数字が見えてくると、**おおまかにどのようなシステムにするか説明することができるでしょう**。サーバーに関してもより具体的に見えてきます（図3-2）。

　「このようなシステムにしたい」だけで具体的に進めるのは難しいことですが、各種の数字を加えて検討し、これまでに見てきた観点と合わせて進めることで、求められているシステムは具体的な形となっていきます。

図3-1　システム化の検討とサーバーの関係

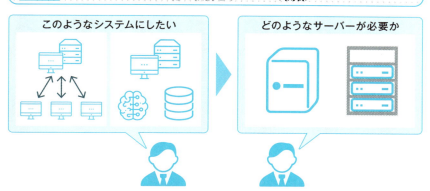

- システムのイメージができた後でサーバーの検討に入る
- サーバーの検討が先になることはない

図3-2　具体的なシステムの検討

このような システム → ユーザーの人数・拠点（数） → サーバーは？

サーバーをイメージするにはシステムの規模に関する数字が必要

システムの開発規模を表す2つの単位

❶人月（にんげつ）
　1人のエンジニアが1カ月20日携わる必要があるという考え方。例えば4人で6カ月の期間が必要なシステムであれば24人月となる

❷ステップ数
　プログラム開発でプログラムの行を基準として示す考え方。システムによって異なるが、1人月が1,000～3,000ステップ前後とされている。伝統的なCOBOLなどの言語での開発で用いられる考え方で、最近はあまり使われなくなった

その他にファンクションポイント、COCOMOなどの手法もある

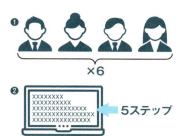

Point

- システム化の検討においては最初にサーバーを考えることはない
- 最初にシステムのイメージを描いてからサーバーが検討される

3-2 性能見積り、サイジング

≫ システムの規模で構成は変わる

システムの規模

　例えば、設立してからの年数が浅い企業で顧客管理システムを新たに導入しようということになったとします。

　その際には前節で解説したようにシステム化の検討を進めていく中でどのようなシステムにしたいかを明確にします。

　「それを実現するシステムのハードウェアやソフトウェアはどんなもの？」となるわけですが、これは**システムの規模に応じて変わります**。

　管理する顧客データが1,000人分か1万人分か、システムに同時にアクセスする可能性がある社員は10人か100人かなど、実際にこれほど数字が異なることはないと思いますが、サーバーの選定に大きく影響を与えます（図3-3）。

　また、どれくらいの時間で顧客データの検索ができないといけないかなどの**システムの性能に関する要求**もあります。システムの性能に関してはミリ秒を基準にします。超高速なシステムであれば、1,000分の数秒から1,000分の1秒を目指すこともあります。

　外部のWebサイトを閲覧するときは多少待ち時間があっても我慢できるのですが、社内のサイトやシステムに関しては3秒を超えると一気に評価が下がるといわれています。

性能見積りとサイジング

　上記のように導入前の要件からこれくらいのサーバーの性能が必要ではないかと仮定して数値で算出することを**性能見積り**といいます。

　性能見積りを受けて、CPU、メモリ、ディスク、I/O性能などから、サーバーを選定することを**サイジング**といいます（図3-4）。

　性能見積りとサイジングはサーバー以外の機器でも使われる言葉です。第8章でさらに詳しく説明します。

図3-3　システムの規模でサーバーは変わる

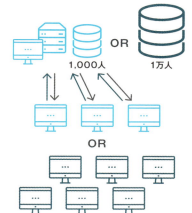

管理する顧客は1,000人か10,000人か
→必要となるディスクやデータベースのサイズがまったく異なる

システムに同時にアクセスする社員は10人か100人か
→必要となるメモリが異なる

絵で見るとシステムの規模の違いによる影響の大きさがわかる

図3-4　性能見積りとサイジング

これくらいのサーバーの性能が必要ではないか

関連用語：同時アクセス数（同時接続数）
あるタイミングでどれだけのユーザーからのアクセスが集中するかをいう。Webサービスやユーザー数の多い業務システムではサーバーの性能を見積もるうえで重要な数値。

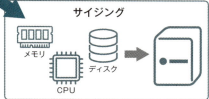

Point
- システムの規模に応じて選定されるサーバーは変わる
- 適切なサーバーを選定することをサイジングと呼び、その前に性能見積りが必要

3-3 投資対効果

》本当にサーバーが必要か？

PCでもかなりの仕事ができる

　以前と異なりPCは高性能になっています。機種によってはひと昔前のサーバーのスペックを有するものもあります。現在ではPCでもかなりの仕事・処理ができるようになっているといっても間違いではないでしょう。特に小規模なシステムであれば再確認してほしいポイントです。
　あらためてどうしてもサーバーを必要とする理由を考えてみましょう。

- 多数のクライアントがデータを共有するための器として使う
- システムが止まったりデータがなくなったりすることは絶対に避けたい

　スタンドアロンのPCの場合には、クラサバのように**共有の器として使うことはできません**。また、PCはサーバーほど堅牢な構造にもなっていません（図3-5）。

再検討する機会を

　検討しているシステムにおいて共通の器としての機能は果たして必須なのでしょうか。例えば、多くの社員が使えるようにと考えていても、入力のタイミングやデータを調べると、入力処理は複数人で、同時には一人しか実行しないようなケースもあります。
　不意の故障や障害に対しても、DVDやメモリなどでこまめにバックアップを取って万が一のデータの消失を防ぐという方法もあります。
　実はこれまで語ることはしませんでしたが、サーバーやシステムを導入する際には投資対効果を考えることも必要です（図3-6）。
　新たに業務システムを追加導入する前に、既存のサーバーとPCにアプリケーションソフトをインストールするだけで用が足りるのではないかなどと、低コストの方法を検討する姿勢が必要です。

図3-5　サーバーを必要とする理由

- 多数のクライアントがデータを共有するための器として使う
- システムが止まったりデータがなくなったりすることは絶対に避けたい

→サーバーが必要

関連用語：超上流工程

システム開発の工程において、システム設計以前の、次の工程をいう。
- システム化の方向性
- システム化計画
- 要件定義

※要件定義は上流工程に位置づける考え方もある

投資対効果を考える際にはシステム化の方向性や計画が重要と考えられている。

図3-6　投資対効果を意識する

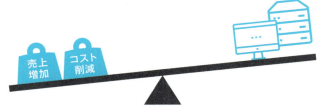

サーバーはPCよりもコストがかかるので投資対効果も確認する

IT投資対効果

$$\text{IT投資対効果} = \text{効果（額）} \div \text{投資額}$$

投資額は必要なコストや工数などから算出できる。効果（額）は次の事項などを組み合わせて算出する
- 売上増加やコスト削減などの具体的な効果数値
- KPI（Key Performance Indicator）の達成状況
- CS向上、ES向上、他社ベンチマークなどの価値の机上評価

Point

- 小規模なシステムの場合には、PCでも実現可能ではないかと確認する考え方も必要
- 投資対効果も意識すること

3-4　IPアドレス、MACアドレス

配下のコンピュータを どのように見ているか？

サーバーからも配下のコンピュータからも同じ

　サーバーと配下のコンピュータの間では、互いに**IPアドレス**で呼びかけます。

　IPアドレスは**ネットワークで通信相手を識別するための番号**で、0から255までの数字を点で4つに区切って表されます。

　ネットワークごとに定めることから、別のネットワークに行けば同じ番号の機器も存在する可能性があり得る番号です。

　社内のファイルサーバーなどに接続するときは、「\\x\server01」などのようなパス名を指定し、社外のWebサイトに接続するときは、「http://www.shoeisha.co.jp」のようにURLを指定しますが、私たちが意識していないだけで、それらの背後にはIPアドレスが紐づけられています。

IPアドレスとMACアドレス

　IPアドレスは一言でいうなら、コンピュータのソフトウェアが認識するコンピュータの住所で、**MACアドレス**はハードウェアが認識する住所です。

　MACアドレスは、自身のネットワーク内で機器を特定するための番号です。実物のMACアドレスは、2桁の英数字6つを5つのコロンやハイフンでつないでいます。

　少し細かくなりますが、図3-7で送信先のコンピュータのIPアドレスからMACアドレスを確認する手順を見ておきましょう。

　アプリケーションがIPアドレスを指定し、アドレス帳をもとにMACアドレスを確認します。少し複雑ですがこの機会に覚えてしまいましょう。

　図3-7でIPアドレスとMACアドレスの確認ができたら、目的地に向けてデータを送ります。図3-8のように一歩一歩着実に進んでいきます。

　これらのステップは、ユーザーが意識することなく瞬時に行われています。

図3-7 IPアドレスで相手を指定してMACアドレスを確認する

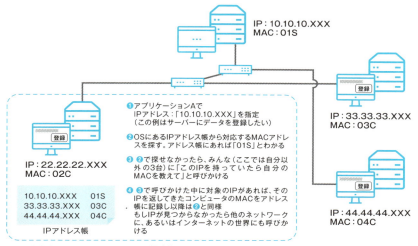

※見やすくするためにMACアドレスは簡略化

図3-8 最終と次の関係　1個ずつ確実に進む

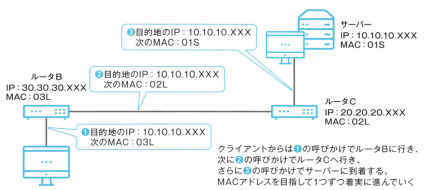

※見やすくするためにMACアドレスは簡略化

Point

- コンピュータ同士はデータのやりとりをする相手をIPアドレスとMACアドレスで特定している
- IPアドレスはソフトウェアが認識するコンピュータの住所で、MACアドレスはハードウェアの住所にあたる

3-5　配下のコンピュータとの データのやりとり

TCP/IP、UDP

4階層のTCP/IP

　サーバーと配下のコンピュータとのデータのやりとりには4階層で示すことができる**TCP/IPプロトコル**が使われています（図3-9）。

　サーバーと配下のコンピュータのアプリケーションソフトの間ではデータのフォーマットや送受信の手順を決めておく必要があります。例としてWebでおなじみのHTTP、メールのSMTPやPOP3などがありますが、それらはアプリケーション層のプロトコルと呼ばれています。

　互いにどのようにしてデータのやりとりをするかはアプリケーション層で決まりますが、続いて相手にデータを届けるのがトランスポート層の役割です。トランスポート層では2つのプロトコルがあります。

　電話のように一度相手に接続したら切るまで送信先を意識することなく継続的にデータをやりとりするTCPプロトコルと、データを送るたびに送信先とデータを明示する**UDPプロトコル**があります。

　データのやりとりの決めごと、送る・届いたの次にはどのようなコースで行くかです。インターネット層と呼ばれていて前節のIPアドレスを使ってコースが決められます。

　コースが決まったら最後は物理的な道具です。

　無線のWi-Fi、Bluetooth、有線LAN、赤外線など、通信の物理的な層をネットワークインタフェース層と呼んでいます。

データのカプセル化

　4階層をサーバーまたは配下のコンピュータから順を追って解説しました。復習すると、アプリケーション層、トランスポート層（TCPとUDP）、インターネット層、ネットワークインタフェース層の4つでした。

　それぞれにおいて、データは図3-10のように各層でヘッダーを付加されて**カプセル化**され、次の層に進んでいきます。

図3-9 TCP/IPの4階層

階段を下って上って、相手にデータが届く

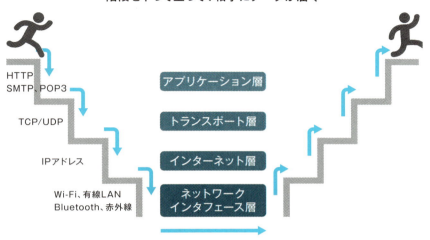

図3-10 データのカプセル化

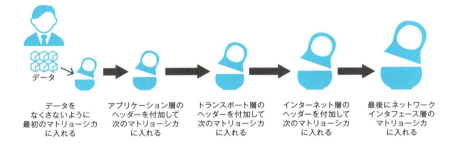

相手のネットワークに入ったら、マトリョーシカは1つずつ取られて最後にデータに戻る

※ロシアの民芸品として有名なマトリョーシカは5つであることが多い

Point

- サーバーと配下のコンピュータのデータのやりとりはTCP/IPプロトコルが使われていて階層構造となっている
- 各層でカプセル化されて次の階層に進んでいく

3-6 ルータ

ルータとの機能の違い

役割の違い

　サーバーは配下のコンピュータやデバイスとともに、各種のデータ処理をします。もちろん単体で高性能な処理をすることもあります。

　それに対して**ルータ**をはじめとするネットワーク機器はさまざまなコンピュータをつなぐとともに、**データ処理が実行できるようにサポートをしてくれています**。

　したがって、スタンドアロンを除けば、サーバーとネットワーク機器は一心同体で切っても切り離せない関係にあります。

　もう少し具体的な説明をすると、前節でTCP/IPの4階層の話をしました。その中でインターネット層はコンピュータやルータなどの機器の仕事で、ネットワークインタフェース層はLANカードやハブなどが役割を果たします。

ルータの役割

　ここでルータの役割を見ておきます。

　3-4でIPアドレスとMACアドレスの話をしました。サーバーから配下のコンピュータに対して処理を行うときに、自分と相手のコンピュータのIPアドレスとMACアドレスを指定します。ピアツーピア通信でない限りはルータを経由します。

　ルータは**送られてくるデータに対して自分が目的地に届けるのか、それとも次のルータへの中継役なのか**を常に考えます。後者の場合は適切と思われる機器にデータを渡します。この繰り返しで相手のコンピュータにデータが届けられます（図3-11）。

　サーバーはデータ処理や配下のコンピュータのマネジメントを行い、ルータはネットワークの運営において重要な役割を果たしています。

　なお、サーバーには図3-12のように、**ネットワーク機器などの稼働状況を見る**機能もあります。

図3-11　**ルータの役割**

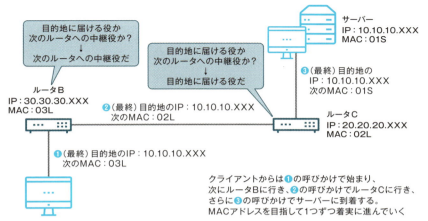

※見やすくするためにMACアドレスは簡略化

図3-12　**サーバーがネットワークの稼働状況を見ることも**

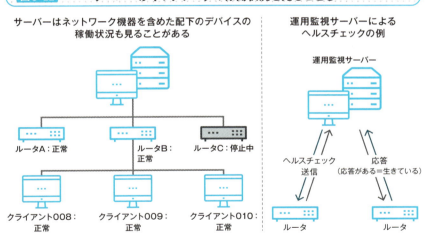

Point

- ルータはネットワークの中で重要な役割を果たしている
- サーバーはネットワークやネットワーク機器の稼働状況を見ることもできる

3-7 サーバーの仮想化とデスクトップ仮想化

役割の違い

　サーバーの仮想化は、物理的に1台のサーバーの中に、複数のサーバーの機能を論理的に持たせることをいいます。**仮想サーバー**と呼ばれることもあります。
　図3-13は2つの機能が入っていますが、次のようなメリットがあります。

- 2台設置するところを1台で済ませているので、設置場所、電力消費などの物理的な観点で優れている
- 仮想化できたサーバーは別のサーバーにコピーを置いたり、移動したりすることが比較的容易にでき、障害・災害対策としても有効

　一方で、単純に物理サーバー1台を仮想サーバー2台に分けると**パフォーマンスが落ちる**といったデメリットもあります。
　したがって、仮想化をする際はCPUやメモリ、ネットワーク機器などの性能を上げる必要性もあります。

デスクトップPCの仮想化

　サーバーの仮想化は進みつつありますが、クライアントPCの仮想化も進んでいます。こちらは**VDI**（Virtual Desktop Infrastructure）と呼ばれています。
　いくつかの仮想化の形態がありますが、主流はサーバー側に仮想化された論理的なデスクトップPCを置いて、物理的なデスクトップであるクライアントPCはそれを表示・操作するというものです（図3-14）。
　図の下側にあるデスクトップPCは、仮想化環境があれば中身が空でも問題ないというのがポイントです。
　続いて、シンクライアントや働き方改革という観点でVDIを見てみましょう。

図3-13　サーバーの仮想化のしくみ

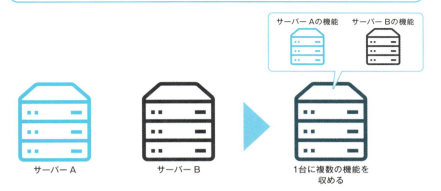

VMware、マイクロソフト（Hyper-V）、Xen、Citrixなどの製品が有名

図3-14　デスクトップPCの仮想化のしくみ

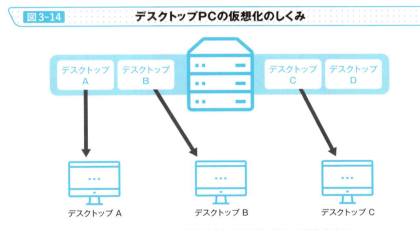

- デスクトップPCは、サーバーにいる仮想の「自分」を呼び出して仕事をする
- デスクトップPCは、仮想化された自分を呼び出せる最低限のメモリやディスクがあればよい

Point

- サーバーの仮想化は1台のサーバーに論理的に複数のサーバーの機能を持たせることで、コスト削減、サーバーの集約、障害対策としても有効
- 一方で仮想化されるとレスポンス性能が落ちることもある
- クライアントPC（デスクトップ）の仮想化も進んでいる

3-8 シンクライアント、テレワーク、働き方改革

》テレワーク、働き方改革の実現

シンクライアントの普及

シンクライアント（Thin Client）はハードディスクなどを搭載しない限定された性能を発揮するPCを意味する言葉で、企業や団体のセキュリティ意識の高まりとともに普及してきました。

シンクライアントであればクライアントが盗難などにあっても、データが入っていないことから甚大な被害に至ることはありません。

しかし、シンクライアント専用のPCは個別仕様が大半で、決して安価ではなかったことから、最近は標準仕様のPCをシンクライアントと同様な形で活用することが増えています（図3-15）。セキュリティソフトを活用してクライアント側のディスクやアプリケーションの利用を監視します。

したがって、シンクライアントの定義も「**処理の実行やデータの保存などをサーバーで行うクライアント**」のように変わりつつあります。

働き方改革のキー・ファクター、テレワーク

クライアントの仮想化ができるなら、ネットワークに接続できればどこでも処理ができますし、クライアントの機器自体も1つにとらわれる必要はありません。

外出先などで利用するノートブックPCやタブレット、自宅にある自分のPCなどから、サーバーに置かれている自分の仮想クライアントを呼び出して処理をすればいいのです。

いわゆるテレワーク（telework）やリモートワーク（remote work）です。

働き方改革を成し遂げるためには、自宅や外出先で仕事をこなすことができる生産性の高い環境が必須です。そのためにはいつでもどこでも同じようなクライアント環境で仕事ができるVDIは必須です。

図3-16を見ると利便性がわかります。

図3-15　シンクライアントのしくみ

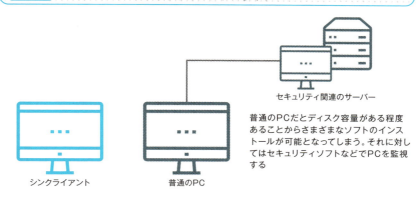

- 以前はシンクライアントは言葉の通り、本当にThin（薄い）クライアントだった
- Thinクライアントは極めて小さいディスクなどで構成されていた
- 最近は普通のPCをシンクライアントとして使うことが多い

図3-16　働き方改革とVDI

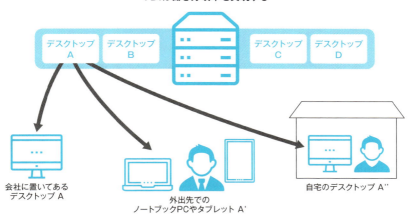

Point

- 時代とともにシンクライアントの意味が変わりつつある
- 働き方改革を支えるテレワーク環境の実現にはVDIの活用が必須

3-9 ファブリック・ネットワーク

ネットワークの仮想化

ネットワーク仮想化の背景

　仮想化技術ということで、サーバーとデスクトップPCの仮想化について解説しました。同様にネットワークの世界も仮想化が進みつつあることから、参考情報として紹介しておきます。

　ネットワークの仮想化技術のひとつとして**ファブリック・ネットワーク**が注目されています。イーサネット・ファブリックなどと呼ばれることもあります。

　サーバーの仮想化や集積が進むと、複数のサーバーの機能が1台のサーバーに押し込められるということが繰り返し行われていきます。図3-17のように通信環境が大きく変わらなければ、データ通信の量は以前よりもはるかに大きくなり性能は減衰します。

ファブリック・ネットワークの特徴

　サーバーの仮想化では1台のサーバーの中に複数のサーバー機能を持つこと、デスクトップPCの仮想化ではサーバーの中に複数のクライアントの機能を持つことを紹介しました。

　ファブリック・ネットワークは複数のネットワーク機器を1台の機器のようにすることで、従来は1対1でルーティングしていたのを**マルチ対応でルーティング**します（図3-18）。

　このようなネットワークの仮想化のアイデアはサーバーを大量に設置しているデータセンターなどから生まれていますが、ここまで解説してきたさまざまな仮想化の考え方や種類を知っていると、多様なシステムに応用することができるでしょう。

　私たちの日々の仕事にも仮想化の発想を導入することができれば、劇的な改善ができるかもしれません。

　1を複数に割る、自分を含めて共有の器に置く、中継地点と道を1つに見立てる、それぞれが斬新なアイデアです。

| 図3-17 | サーバーの集約によるネットワーク負荷の増大 |

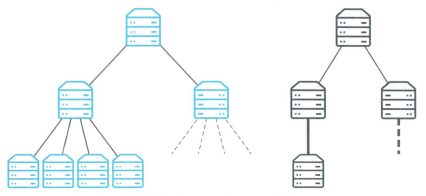

サーバーの集約が進むと、ネットワークの負荷は増大する
※図はわかりやすくするためにLANの線を太く示しているが実際の太さは変わらない

| 図3-18 | ファブリック・ネットワークの概要 |

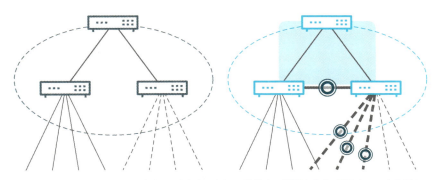

- 3台のネットワーク機器が仮想的に1台となるように、複数台の機器を含めて最適なルートを探す
- ◎印が新たに産まれるルートの例。もちろん物理的に接続が可能な準備をする必要はある

Point

- サーバーの仮想化や集約化に従って、ネットワークの負荷が増大し、ネットワークの仮想化も必要となった
- ファブリック・ネットワークはサーバーの集約化とともに広がっていく可能性が高い

3-10 アプライアンスサーバー、仮想アプライアンス

≫ すぐに使えるサーバー

機能ごとに専用のサーバーを設置する

ここまで仮想化技術について解説してきました。

仮想化技術の活用は、サーバーをはじめとするシステムのハードウェアの導入における効率化だけでなく、働き方改革などの観点からも広がりつつあります。

一方、その対極に位置するのが機能ごとに専用のサーバーを設置するという発想です。代表選手が**アプライアンスサーバー**です。

アプライアンスサーバーは特定の機能のためにセットされているサーバーで、ハードウェア、OSに加えて必要なソフトウェアがインストールされています（図3-19）。

したがって、**簡単な設定を済ますとすぐに使うことができます**。主にメールやインターネット関連のサーバーなどで利用されています。

アプライアンスサーバーのメリットとデメリット

1台で専用の機能であることから、次のようなメリットとデメリットがあります。

メリット
- 簡単な設定ですぐに使える
- 必要な機能に特化しているのでコストは低い

デメリット
- できることが限られ、ニーズに合わないと使えない
- 他の機能への転用は困難
- 機能ごとに台数が増えていく

なお、少し複雑になりますが、**仮想アプライアンス**という考え方とともに、アプライアンスサーバーも仮想化できます（図3-20）。

図3-19　アプライアンスサーバーの概要

- アプライアンスサーバーは、ハードウェアとしてのサーバーに加えて必要なソフトがすでにインストールされている
- 例のように機能ごとにサーバーを設置するので、多用するとサーバーの物理的な数は多くなる

図3-20　仮想アプライアンス、仮想アプライアンスサーバー

すでに存在するサーバーや集約化するサーバーに
仮想化ソフトでラッピングした仮想アプライアンスをインストールする

図3-13のサーバーの仮想化を思い出すと理解できる

Point

- 比較的すぐに使えるサーバーとしてアプライアンスサーバーがあり、特定の機能に対して必要なソフトウェアがインストールされている
- 仮想アプライアンスという考え方があり、アプライアンスサーバーも仮想化できる

3-11 RAID、SAS、FC、SATA

≫ サーバーのディスク

サーバーのハードディスクの特徴

　サーバーのハードディスクは、PCに比べて性能や信頼性が高いタイプが使われています。その理由は次の通りです。

- ユーザー数が多いので作業負荷が高い
- 24時間動作し続けるニーズがある

　まず、性能の話を図にすると図3-21のような、レイテンシー、スループット、トランザクションレートなどの指標が用いられます。

信頼性に対する要求

　サーバーの場合は、ハードディスクに障害が発生しても、**直ちに交換や増設をして業務を継続する、あるいは迅速にデータの復旧を図る**ことなどが要求されます。

　現在のサーバーのハードディスクは **RAID**（Redundant Array of Independent Disks）と **SAS**（Serial Attached SCSI）や **FC**（Fiber Channel）を組み合わせたタイプが多数派です。PCでは **SATA**（Serial Advanced Technology Attachment）の実装が一般的です。

　難しい言葉ですが、図3-22のように単純化して違いを見てみます。

　お皿が多数重なっているようなディスクを1つに仮想的に見立てるRAIDとサーバーとのインタフェースが複数あるSASは障害に強いので信頼性が高いのです。第9章でも再確認します。

　ここでもまた仮想化という言葉が出てきました。ハードウェアやソフトウェアを語るときになくてはならない言葉ですが、仮想化の歴史の中では実はハードディスクが最初といわれています。

　技術動向としてはSSD（Solid State Drive）と呼ばれているフラッシュメモリをベースとしたタイプのディスクの普及・拡大も期待されています。

図3-21　サーバーのハードディスクに求められる性能

データの入出力（出し入れ）のリクエストが
PCと違ってたくさん来る！

レイテンシー（ms）とスループット（MB/S）

CPU　　ハードディスク（ストレージとも呼ばれる）

ハードディスクは
迅速に応答できないといけない
（レイテンシー：通信の要求からデータが送られてくるまでの時間、ミリ秒で表示）
（スループット：データ転送速度　MB/秒で表示）
　　かつ
たくさん（トランザクションレート、秒での回数）**応答できないといけない**

人にたとえるとわかりやすい
→反応のいい人
→仕事の速い人

→たくさんの仕事をこなす人

いずれの人も、
どこの職場でも好まれるタイプ

図3-22　RAIDとSASの概要

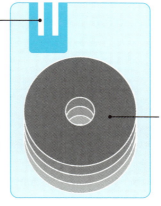

SAS：
2つのポートがある。CPUと2つの道があるので性能・信頼性が高くなる。ちなみにSATAのポートは1つ

FCはSAS、SATAとは別格の構造で、メインフレームなどで使われる。光ファイバーなどを使用していて高価ではあるが高速転送が可能

RAID：
物理的に多数並んでいるディスクを仮想的に1つに見立てて適切な位置にデータを書き込む

Point

- サーバーのハードディスクはPCに比べて性能と信頼性が高いものが実装されている
- 現在はRAIDとSASが一般的

やってみよう

クラサバアプリを作る〜システム構成を考える〜

　ここまで共有したい情報を整理してHTMLファイルを作成するところまできました。

　ここでシステム構成を確認します。情報を共有したい関係者がアクセスすることができるファイルサーバーがあればしくみとして完成です。

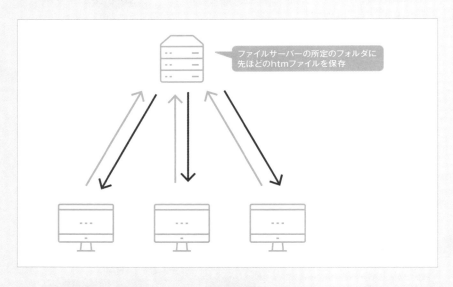

　ご自身や関係者のPCからサーバーに保存したhtmファイルをブラウザで閲覧します。

　ファイルサーバーの所定のフォルダにhtmファイルを保存して開いてみてください。

　簡単なアプリケーションですが十分に活用することができます。

（続きは110ページ）

第4章 クライアントに対応する役割
~配下のコンピュータの要求に対応するサーバー~

4-1 クラサバ、ユーザー目線

≫ ユーザーの目線で考える

業務システムの大半はクラサバシステム

　クライアントの要求に従って処理を実行するのはサーバーの基本の機能です。**クラサバ**と呼ばれている典型的な処理ですが、**ユーザーの目線**でシステムを検討することが適切です。

　企業や団体で利用されている**業務システムの大半**はクラサバシステムです。サーバーのOSもクラサバを基本として考えられています。

　本章ではおなじみのファイルサーバー、プリンターサーバーなどの、クライアントPCからの要求に従って処理を実行する典型的なサーバーから紹介していきます。

クライアントの多様化

　後ほど解説を進めていきますが、サーバーに接続されるクライアントは多様化しています。もともとはPCが主役でしたが、LANの外からサーバーにアクセスすることも増えてきたことから、タブレットやスマートフォンなども今ではクライアントです（詳しくは**1-6**参照）。

　また、IoTデバイスのように、PCやタブレットのような端末の形状でない各種のデバイスもクライアントの仲間入りを果たしています（図4-1）。

ユーザー目線で考える

　ユーザー目線とは**クライアントのためにどのようなサービスを提供できるかを基本とする**ということです。すなわち、どのようなデータをどれだけどのようなタイミングで受け取るか、さらにクライアントに対して具体的にどのような処理を提供するか、ということです（図4-2）。

　以前のクラサバシステムの多くは、クライアント端末を人間が操作するという前提で作られていましたが、IoTデバイスも含む現在では必ずしもそのようなことはありません。

図4-1　多様化するクライアント

業務システムの大半はクラサバシステム

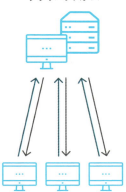

クライアントもPCだけでなく、多様化している

ノートブックPC

タブレット

スマートフォン

IoTデバイスも今日ではクライアントである

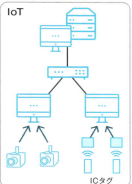

ICタグ

図4-2　ユーザー目線に立つことが重要

- ユーザー目線に立って、どのようなサービス（システム）を提供するかから考える
- データから考えるとわかりやすい

〈検討例〉

データ／処理	検討項目	検討結果
サービス概要	どのようなサービスか	問い合わせと回答のデータを入力できる、過去データを参照しながら回答ができる
データ	どのようなデータか	お客様からの問い合わせとそれに対する回答
	入出力のタイミングは	随時
	データの量は	1件当たり1KB程度、1日100件程度
サービス内容（処理）	どのような処理をするか	入力、過去データのキーワード検索、データ分類と表示
	処理のタイミングは	入力と検索は随時、分類は週次で更新

Point

- クラサバはサーバーの基本の機能
- クライアントがPCだけでなく、タブレット、スマートフォン、さらにIoTデバイスなどにも広がっている
- クラサバのポイントはユーザー目線のサービスとして考えること

4-2 ファイルサーバー

ファイルの共有

サーバーの中で最も身近なサーバー

ファイルサーバーは、サーバーの中でも最も身近なサーバーです。

サーバーと配下のコンピュータとの間でファイルの作成、共有、更新などをすることができます。近年、タブレットやスマートフォンなどを通じて、ネットワークの外側からファイルを共有する企業も増えています。

もしファイルサーバーがない状態でファイルを共有する場合には、図4-3のようにメールに添付する、Bluetoothなどを設定してファイルを送信する、USBメモリやCD、DVDなどの媒体を利用するなど、とても不便です。

アクセス権の設定

ファイルサーバーの特徴的な機能として**アクセス権の設定**があります。

Windows Serverでは、ユーザーをグループ分けして、主に次の3つに権限を分けます。

- フルコントロール（ファイルの作成や削除ができる）
- 変更
- 読み取りと実行

企業や団体などでは、幹部社員・管理職と一般社員、組織内の人材と組織外の人材などで権限が分けられることがよくあります。

ちなみにUNIXでは各ファイルを、r（Readable・読み取り可能）、w（Writable・書き込み可能）、x（実行可能・eXecutable）に設定して、それぞれを4、2、1の数字で表します。ファイルのオーナーや開発者などは3種類のユーザー権限をすべて持っているので、7（=4+2+1）、実行のみに限定されているユーザーは1です。

Windows Serverのアクセス権の設定は図4-4のように、さらに細かいロールベースアクセス制御というモデルに支えられています。

図4-3　ファイルサーバーがないとしたら？

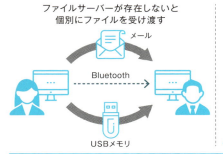

ファイルサーバーが存在しないと個別にファイルを受け渡す（メール、Bluetooth、USBメモリ）

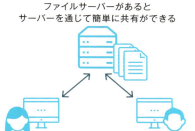

ファイルサーバーがあるとサーバーを通じて簡単に共有ができる

関連用語：NAS（Network Attached Storage：ネットワーク接続型ストレージ）
ネットワーク接続のストレージ装置で、ネットワークに接続しているユーザーはファイル共有することができる。

図4-4　Windows Serverでのアクセス権設定の例

関連用語：
ロールベースアクセス制御
（Role-base access control）
組織内での役割（一般社員、幹部社員など）と権限を紐づけてユーザーやグループを管理できるようにするモデル。

ロールベースアクセス制御によって各種ファイル、業務アプリケーションなどのアクセス権を役割などに応じて付与できる

Point

- ファイルサーバーは最も身近なサーバーでファイルの共有ができる
- ファイルサーバーの特徴的な機能としてファイルのアクセス権があり、ユーザーの権限に応じて設定することができる

4-3 プリントサーバー

» プリンターの共有

プリントサーバーとは？

　プリントサーバーはサーバーと配下のコンピュータでプリンターを共有するサーバーです。

　プリンターの共有はここ10年くらいで最も変化したサーバー、あるいは機能のひとつです。

　図4-5に変遷を示しています。中・大規模な組織であればプリントサーバーを設定してクライアントから1つまたは複数のプリンターを共有し、小規模な組織であればプリントサーバーを使わずに1台のネットワークプリンターを活用することで対応していました。

　しかしながら、ハードウェアの小型化や基板化が大きく進歩したことから、近年はプリンターや複合機などにプリントサーバー機能が内蔵されています。プリンターや複合機の入れ替えが進んでいくと、独立したプリントサーバーを見ることはなくなっていくでしょう。

無線LANへの対応

　複合機のプリントサーバー化が進むにつれて、**無線LANを活用したプリンターのネットワーク化**も進んでいます。利用シーンの多様化に際してプリンターのアクセス権も確認したいところです（図4-6）。

　企業や団体で使う複合機やプリンターは比較的大きく重量もあります。無線LAN接続ができれば、設置後速やかに利用できるだけでなく、オフィスのレイアウト設計や変更の自由度も格段に上がります。

　さらに、ユーザー認証との組み合わせで、**モバイル端末からのプリント要求に対応しようとする動き**もあります。

　このように見てくると、最新のプリンターや複合機はユーザーや世の中のニーズに対応して進化ならびに成長してきた製品といえるでしょう。今後はペーパーレス化の波がプリンター業界を襲うものと思われますが、印刷しない時代が来てもさらなる進化を遂げることを期待させる分野です。

図4-5　プリンターとプリントサーバーの変遷

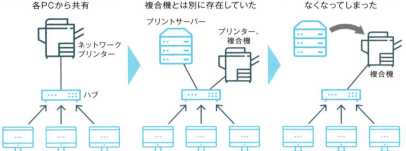

図4-6　プリンターの活用シーンとアクセス権

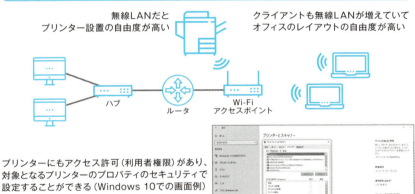

プリンターにもアクセス許可（利用者権限）があり、対象となるプリンターのプロパティのセキュリティで設定することができる（Windows 10での画面例）

Point

- プリントサーバーはプリンターを共有するサーバーとして知られていたが、プリンターや複合機にサーバー機能を内蔵することが進んでいる
- オフィスのレイアウト設計の自由度への要請から無線LANを活用するニーズが高まっている

4-4 NTPサーバー

時刻の同期を取る

時刻の同期

NTPサーバーは、サーバーと配下のコンピュータを含めたネットワーク内で**時刻を同期する**ためのサーバーです。NTPはNetwork Time Protocolの略称です。

それぞれの機器の時刻の設定が異なっていると、決められた時間に走らせるような処理は正しく実行できなくなってしまいます。目立たないですが重要な役割を果たしています（図4-7）。

もともとサーバー、PC、ネットワーク機器、その他のデバイスは内部に時刻の情報を持っています。それらを同じ時刻に設定し維持するということです。

時刻の同期の取り方

時刻の同期を取るためには、**クライアントからサーバーに対して時間を問い合わせして確認しています**。

時間に対してシビアな処理が多いのであれば短めの定期間隔で確認を行い、そうでなければ通信したタイミングで、その都度行います。

「NTPサーバーの時間自体が間違うことはないの？」という疑問があるかもしれません。

そのようなことがないように、NTPサーバーは日本国内で標準時刻を提供している国立研究開発法人情報通信研究機構（NICT）のNTPサーバーや人工衛星などと同期を取るようにしています。

NTPサーバーの頂点は専門用語でStratum 0（ストラタム・ゼロ）と呼ばれていて、ネットワーク内のNTPサーバーはStratum 1と呼ばれています。クライアントのコンピュータになると階層構造からStratum 3とか4などになります。1のサーバーが0に確認できたら2が1に確認するというように絶対的な階層関係で時間を守るようにしています（図4-8）。

| 図4-7 | 時刻の同期 |

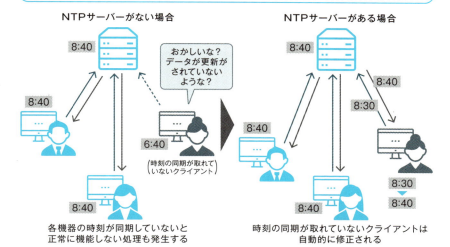

各機器の時刻が同期していないと正常に機能しない処理も発生する

時刻の同期が取れていないクライアントは自動的に修正される

| 図4-8 | 同期を守るための階層構造 |

NICT（国立研究開発法人情報通信研究機構）では日本標準時に直結したNTPサーバーを提供している

NTPサーバー名：ntp.nict.jp
http://jjy.nict.go.jp/tsp/PubNtp/index.html

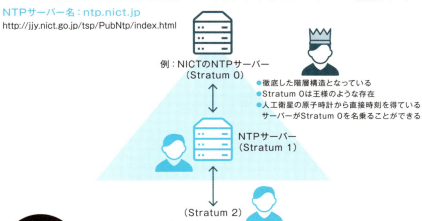

- 徹底した階層構造となっている
- Stratum 0は王様のような存在
- 人工衛星の原子時計から直接時刻を得ているサーバーがStratum 0を名乗ることができる

Point

- NTPサーバーにはネットワーク内の機器の時刻を合わせる機能がある
- 時刻そのものを間違わないように標準時を提供しているNTPサーバーから階層的に時刻を取得している

4-5 資産管理サーバー

» IT資産の管理

クライアントの管理

　企業や団体ではさまざまなシステムが動いていることをお伝えしてきました。

　システムを管理する立場からはそれらを**資産**として透明化する必要があります。もちろんPCなどに資産管理の番号をつけていますが、それらが本当に使われているのか、また、ソフトウェアライセンスを支払っているが実際に使っているのかなどです。

　机や椅子などの什器は目に見えるので実物を見ながら数えることもできますが、PCが動いている・いない、アプリケーションソフトを使っている・使っていない、などの状態管理を専用のソフトウェアを通じて行います。

　しくみとしては、図4-9のように、**サーバーと配下のコンピュータに専用のソフトウェアをインストール**します。

　企業や団体の管理に沿った定期的な間隔でサーバーとクライアント双方のソフトウェアが連絡を取ります。

取得される情報の内容

　クライアントとサーバーでやりとりするのは、どのようなソフトウェアがクライアントに入っているかです。したがって、想定外のソフトを使っていないかなどのセキュリティ的な意味合いも持っています。

　WindowsのPCでは「**プログラムと機能**」を選択すると、そのPCにインストールされている各種のアプリケーションソフトを一覧で確認することができます（図4-10）。

　これらのソフトウェアの一覧をデータ化した情報がクライアントからサーバーに定期間隔で送られていきます。

　サーバーはそれらの情報を受けて資産台帳を作成するのが一般的な資産管理のやり方です。

図4-9 専用のソフトウェアをサーバーとクライアントにインストールする

- サーバーとクライアントの双方に専用のソフトウェアをインストールする
- 資産管理台帳を自動作成する製品もある

- ソフトウェアの資産管理のツールは「ソフトウェアインベントリツール」と呼ばれることもある

- 同じような機能でソフトウェアのライセンス管理を専門に行うタイプもある

- ソフトウェアの資産管理は定期的な周期で行われる
  - ▶ クライアントが使われているか
  - ▶ ソフトウェアは何が入っているか

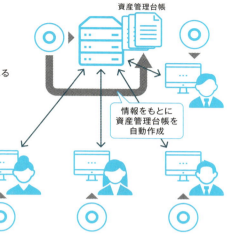

図4-10 クライアントから送られる情報

名前	発行元	インストール日	サイズ
Adobe Acrobat Reader DC	Adobe Systems Incorporated	2017/4/1	230MB
……	……		
ffftp	KURATA.S	2017/4/1	2.5MB

- Windowsの「プログラムと機能」で表示されるアプリケーション一覧の情報などが定められたタイミングでサーバーに送信される
- IT資産管理の製品は、主に法人向けPCを販売しているベンダーが提供している
- なお、CADや建築業界、自動車業界などで利用されている構造解析のアプリケーションなどでは実行時にライセンスの付与を確認するライセンスサーバーなどが導入されている

Point

- サーバーに接続されている機器の物理的な資産管理に加えて、ソフトウェアの資産管理も行われている
- サーバーとクライアントに専用のソフトをインストールすると、クライアントの「プログラムと機能」に相当するデータがサーバーに集められる

4-6 DHCP

≫ IPアドレスの割り当て

IPアドレスの付与

　3-4でネットワーク内の機器はIPアドレスを持っていることをお話ししました。

　ネットワークに新たなコンピュータを接続する際には**IPアドレスを付与する**必要があります。その役割を担うのが**DHCP**（Dynamic Host Configuration Protocol）です。

　ネットワークに接続されたクライアントは、サーバーOSに存在するDHCPサービスにアクセスして自身のIPアドレスやDNSサーバーのIPアドレスなどを取得します（図4-11）。

　DHCP側では新たに接続されたクライアントに対して、定められた範囲の中から使われていないIPアドレスを付与します。

　IPアドレスの範囲や有効期限などはシステムの管理者がサーバーで行います。

取得される情報の内容

　サーバーやネットワーク機器などの重要な機器の役割は基本的に変わらないことから、固定のIPアドレスを付与しますが、クライアントはさまざまな事情で変更されることもあることから、DHCPによる動的な割り当てが適しています。特にネットワーク内で接続される機器（人）の数が多い企業や団体などでは一般的なしくみとなっています。

　以前はシステムの管理者が申請を受けてIPアドレスを配付するようなことをしていたのですが、DHCPの普及とOSのサービスに組み込まれたことから、企業や団体ではDHCPによる管理が一般的になりました。

　DHCPサービスとクライアントの間でIPアドレスを割り当てるやりとりは、**接続確認後に行われる特殊な処理**です。「DHCPxx」という合言葉を頭に必ずつけてIPアドレスなどの情報が渡されます（図4-12）。

図4-11　IPアドレスの割り当て

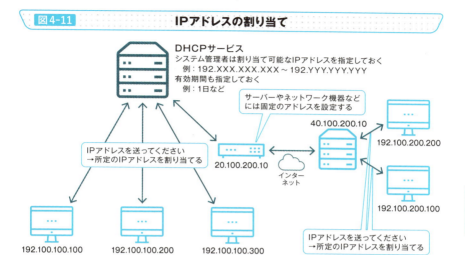

図4-12　IPアドレスを割り当てる際のやりとり

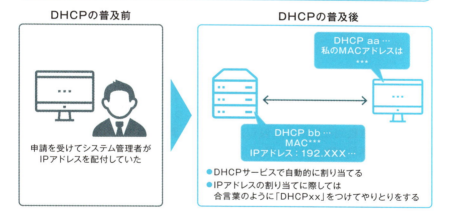

Point

- サーバーOSにあるDHCPサービスでクライアントのIPアドレスを動的に管理している
- 以前はDHCPサーバーを設置していたことがあるので、DHCPサーバーと呼ばれることもあるが、現在はサーバーOSのひとつの機能となっている

4-7　SIPサーバー、VoIP

» IP電話を制御するサーバー

SIPサーバーとは？

　SIPサーバーは、Session Initiative Protocolサーバーの略称です。**IP電話を制御するサーバー**として、IP電話を利用している企業や団体に導入されています。

　総務省などの統計では、固定電話は年々減少傾向にあります。しかし、IP電話は増加傾向にあります。今後も利用する企業や団体は増えていくでしょう。

　IP電話はインターネット・プロトコルを使った電話で、インターネット上で音声データを制御する技術で通話を実現しています。この技術は**VoIP**（Voice over Internet Protocol）と呼ばれています。

　VoIPをもとにして、電話をかける、切るなどの通話の呼制御を行うSIPのプロトコルに従っています。

SIPサーバーの機能

　SIPサーバーの役割は、**電話の発信者である通信相手のIPアドレスを確認して、通信経路を開設して呼び出すところまで**です。通信が始まるとIP電話同士で通話が行われます。SIPサーバーは、ユーザーとIPアドレスの対応表、対応表を作成・更新する機能、通話の開始をサポートする機能などから構成されています（図4-13）。

　これらの機能が一体となって1台のサーバーなどで動作します。

　ここで**3-10**のアプライアンスサーバーを思い出してください。

　これからIP電話を導入するのであれば、SIPサーバーの機能を有するアプライアンスサーバーを使うと比較的早期に実現可能です（図4-14）。

　プリントサーバーには複合機メーカーが、SIPサーバーや中小規模オフィス向けアプライアンスサーバーには電話機メーカーが参入しており、以前からのサーバーメーカーとの間に激しい競争が繰り広げられています。

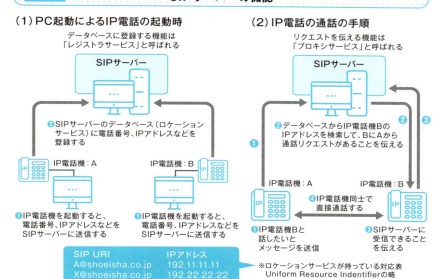

図4-13 SIPサーバーの機能

図4-14 アプライアンスになじみやすいSIPサーバー

SIPサーバー（アプライアンスサーバー）とIP電話機を導入すれば早期にIP電話が使えるようになる

Point

- 固定電話が減少傾向にある中でIP電話は増加傾向にある
- SIPサーバーがインターネット上で通話できるIP電話を実現している
- SIPサーバーは導入実績の高まりとともに、アプライアンスサーバーのひとつにもなっていて、IP電話の導入がしやすくなってきた

4-8 SSOサーバー、リバースプロキシ、エージェント

個人認証を支えるサーバー

SSOサーバーとは?

SSOサーバーは、Single Sign On サーバーの略称です。

企業によっては、ユーザーである社員は多数のシステムを日常的に利用しています。各システムにログインするたびにIDやパスワードを入力するのを手間と感じている方も多いでしょう。

図4-15では、SSOがない場合とある場合の違いを示しています。SSOがない場合の状況を解決するのがSSOサーバーです。

SSOの機能を実現する2つの方法

SSOの機能を実現するには、大きく2つの方法があります。

1つ目は**各サーバーにアクセスする前に、ゲートのようにSSOサーバーを機能させる方法**で図4-16の左側に示しています。**リバースプロキシ**と呼ばれていますが、ユーザーの代わりに各システムにログインします。

2つ目は**各システムとSSOが緊密に連携して、ユーザーが各システムのいずれかにログインしたら、以降は別システムに簡単にログインできるようにする方法**です。**エージェント**と呼ばれています。

取りあえずすぐにSSOを導入したいときには、もともとのユーザーと各システムの物理構成に影響を与えないエージェントが優れていますが、各システムとの連携が可能かどうか検証する必要があります。

それに対してリバースプロキシは物理構成の変更はありますが、その点をクリアすればSSO実現のハードルは低いです。この後の話にも関わってくることから、図4-15、図4-16を次の観点でも見ておいてください。

- 物理構成を変えると目的の実現はしやすいが、もともとのネットワーク構成などを見直さないといけない
- 物理構成をできるだけ変えないようにすると、検証に取られる時間は多くなるが、もともとのネットワーク構成はそのままに近い形で済む

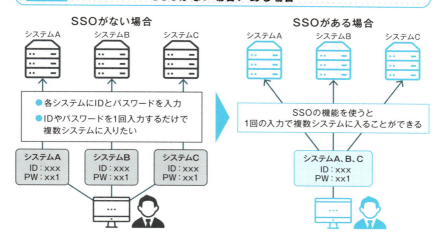

いずれの形態にせよ、1つのログインで複数システムに入れるのでなりすまし対策を強化する必要がある

Point

- SSOによって、個別に複数のシステムにログインしていた不便を解消できる
- ユーザーの代わりを務めるリバースプロキシとサーバー間で連携するエージェントの2つの方法がある

4-9 負荷分散、アプリケーションサーバー

》業務システムのサーバー

業務で使っているシステム

　企業や団体でシステムといえば業務で使っているシステムを思い浮かべる方が多いでしょう。

　勤怠管理と交通費の精算などを扱うシステムや、顧客からの注文を入力して商品やサービスを手配するシステム、各種の実績管理システムなどがあります。

　業務システムは、基本的には多数のクライアントがデータを入力してサーバー側でデータを統合して処理する形態を取っています。

　もちろん企業内で情報を発信するシステムや従業員の安否を確認するシステムなどのようにサーバーが起点となるシステムもありますが、システム全体から見ると一部にすぎません。

　業務システムの大半は図4-17のような物理構成に集約されます。近年の傾向としてはモバイル環境への対応や仮想化などが挙げられます。

業務システムのサーバーが最も多い

　サーバーといったときにメールやインターネットのサーバーを最初に想像する方が多いかもしれませんが、**企業や団体におけるサーバーの中で最も多いのは業務サーバー**です。

　本節の冒頭でも例を挙げましたが、企業や団体に所属する人の全員が共通して使う業務システム、対象部門の方だけが使う部門の業務システム、あるいは人数にもよりますが、特定の部や課などが使うものなどのようにさまざまな種類があります。

　業務システムで最も重要なのはユーザーが入力する「データ」です。この価値は将来にわたっても変わりません。サーバーの中でも、主役は実は業務サーバーかもしれません。

　なお、業務によってはサーバーの負荷分散のためにアプリケーションサーバーを設置することもあります（図4-18）。

図 4-17 　業務システムの物理構成

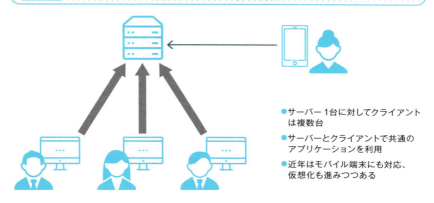

- サーバー1台に対してクライアントは複数台
- サーバーとクライアントで共通のアプリケーションを利用
- 近年はモバイル端末にも対応、仮想化も進みつつある

図 4-18 　アプリケーションサーバーとデータベースサーバー

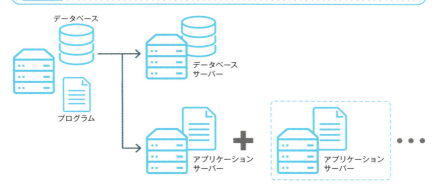

- 比較的規模の大きい業務システムでは、多数のユーザーが同じプログラムを利用する
- データ入出頻度によっては、負荷分散のために、ユーザーの操作画面や処理に特化したアプリケーションサーバーを導入する

ユーザーが多数でプログラムの利用の頻度が高いと、アプリケーションサーバーが多数になる場合もある

Point

- 業務システムのサーバーは基本的にクラサバの形態
- 企業や団体の中でも最も多いのが業務サーバー
- 負荷分散のためにアプリケーションサーバーとデータベースサーバーに分けることも多い

4-10 ERP、アプリケーションサーバー、本番系、開発系

基幹系のシステムERP

ERPの概要

　ERPはEnterprise Resource Planningの略称で、基幹系のシステムとして主に製造業、流通業、エネルギー企業などで導入されています。生産、経理、物流などの**さまざまな業務を統合するシステム**です。

　例えば、工場で生産が完了したら、製品として在庫が計上され、財務・経理の資産にも連動します（図4-19）。

　ERPを全社的に活用して一元的なデータ管理を目指す企業もあれば、他のシステムと連携して部分的に活用している企業もあります。**広範囲で活用するとリアルタイムで関連するデータが更新されます。**他のシステムとの連携であれば定期的なバッチ処理[※1]で更新をします。

　複数の業務システムと連携することもあります。できるだけERPで業務を実行する企業もありますから、まさにERPは業務システムの王様です。

　クライアントからすれば「伝票」を作成して入力すると、サーバー側でその他の処理が自動的に実行されるようなイメージです。

ERPのシステム構成

　ERPは、クライアントからアプリケーションサーバーにあるアプリケーションを呼び出して処理を実行します。ブラウザからWebサーバーにあるWebサイトを閲覧するのと同様な機能です（図4-20）。

　全社員などで使うことから、**アプリケーションサーバー**を設置することでクライアントの増減に柔軟に対応します。前節の業務システムでもデータベースとアプリケーションに分けている形態もあります。

　また、ERPは大規模な業務システムと同様に、業務で使う**本番系**と追加のアプリケーション開発やメンテナンス用の**開発系**のサーバーがあります。

※1　大規模なデータ処理などを、ユーザーがシステムを利用している日中などの時間帯を避けて夜間や休日に行うことをいう。

図4-19 業務システムの王様ERP

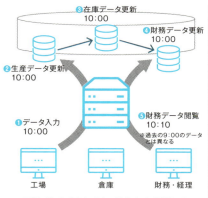

ERPは大別すると、全体型と業務型の2つがある

全体型：
- 企業の業務全体がパッケージになっている
- SAPやOracleが有名

業務型：
各業務が別のパッケージで相互に連携できる

図4-20 ERPシステムの構成

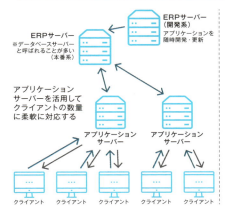
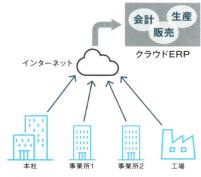

- 業務型ではクラウドで提供されているものもある
- この例では業務間の連携はクラウドERPが行っている

Point

- ERPはさまざまな業務システムを統合してデータの管理ができる業務システムの王様
- ある業務でデータが変更されると、連携している別の業務のデータも更新される

4-11 IoT

デジタル技術の代表選手のひとつ IoTサーバー

カメラ、ICタグへのIoTの活用

IoTはInternet of Thingsの略称です。インターネットでさまざまなモノがつながってデータのやりとりが行われることを指しています。IoTはデジタル技術の代表選手のひとつでもあります。

本節ではIoTデバイスがサーバーに情報を上げてくるクラサバを想定して解説します。クラサバのIoTデバイスの代表例として、カメラ、ICタグ、ビーコン、マイク、各種センサー、GPS、ドローンなどがあります。家電製品や自動車を含めることもあります。

近年、導入実績が増えているのはカメラです。例えば、工場などで生産ライン上の製品や部品が流れてきて、カメラの正面に来たときに撮影して画像をサーバーに送ります。サーバーでは画像を解析して必要な部品がついていなければアラームを発するなどの処理をします（図4-21）。

ICタグはアパレルや工場などでも使われています。アパレルの場合は商品コードその他の情報の読み取りのために活用され、工場では製品を特定する一意の番号に工程の番号や完了時間などを加えることもあります。

IoTシステムで注意するポイント

IoTシステムを検討する際に注意するポイントがあります。

カメラをどこに設置するかに加えて、データを保存するディスクの容量です。画像はデータ容量が大きいので、多数のカメラで撮影を続けていると空き容量がなくなります（図4-22）。

ICタグは読み取りができる範囲とタグを貼り付けた対象物の動きに加えて、どのようなデータを書き込むかを考慮することが重要です。

今後IoTはさまざまなシーンで活躍することが想定されますが、通常のシステムの検討や開発と異なる難しさがあります。

実際にシステムの検討や開発をしてみると動きのあるモノや人が対象となるのが興味深いところです。

図 4-21　カメラとICタグ

	転送するデータの例	PCの役割
カメラ	画像ファイル 例：201904010001.jpg	特定のフォルダ内に、カメラによって生成される画像ファイルをサーバーに転送する
ICタグ	ICタグ内のメモリ内のデータ 例：商品コード、製造番号など	ICタグから読み取った情報をサーバーに転送する
IoTシステムのプラットフォーム		ITベンダー、クラウド事業者、製造業の企業などは、IoTの各種データを格納できるプラットフォームを提供している

図 4-22　IoTシステムは動くモノを対象とする

画像ファイル容量、アップロードのタイミング、どこまでのデータを保存するか

カメラをどこにどれだけ設置するか

データのアップロードのタイミング、どこまでのデータを保存するか

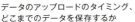

ICタグを読み取るアンテナの設置場所

ICタグ

対象物の動く速さと範囲

● ICタグの豆知識〜2つのモード〜

モード	機能
コマンド発行後にICタグの読み取り／書き込み	PCのEnterキーを押したらアンテナから電波を発して読み取るなど
読み取り範囲にICタグが入ったら読み取り／書き込み	常時電波を発していて、通信範囲内に入ってきたら自動的に読み取る。上図はこちらのモードを示している

Point

- IoTのシステムではIoTデバイスが定期または不定期にデータを上げてくるタイプがある
- IoTデバイスの設定位置、データの取り込み方やタイミングなど通常のシステムの検討とは異なる視点が求められるが興味深いシステムである

4-12 ファイルサーバーに見る WindowsとLinuxの違い

サーバーの役割、機能追加

WindowsとLinuxでの設定などの違い

4-2でファイルサーバーについて解説しました。ここではファイルサーバーを例として、Windows ServerとLinuxのソフトウェア構成の違いを見ておきます（図4-23）。

Windows Serverでは各種のサーバーの機能が準備されているので、画面で選択しながら設定を進めていきます。

Linuxはディストリビューター[※2]によって多少違いはありますが、必要なソフトウェアをインストールします。実態としてはWindows ServerでもLinuxでもそれほど大きな違いはありませんが、Linuxの場合には機能によりソフトウェアの名前が異なり、設定の仕方もソフトウェアにより異なるので少し手間がかかるかもしれません。ただし、「この機能であればこのソフト」のような定番が知られつつあります。

Windows Serverの場合

Windows Serverではサーバーマネージャーのダッシュボードから、役割と機能の追加を進めていき、「**サーバーの役割の選択**」に入ります。

一覧の中から、「ファイルサーバー」と「ファイルサーバーリソースマネージャー」をチェックして機能の追加をします（図4-24）。

ファイルサーバーリソースマネージャーで管理者の登録や容量の制限などを定義することができます。

Linuxの場合

Linux上でファイルサーバーの機能を有している「**Samba**」というソフトウェアをインストールします。その後でSambaへのアクセスやワークグループなどに関する設定をします。Linuxのディストリビューターによっては、Sambaがインストール済みになっていることもあります。

※2 Linuxを企業・団体・個人で利用できるように、OSと必要なアプリケーションソフトを合わせて提供してくれている企業や団体をいう。有償のRed Hat Enterprise Linux（RHEL）、SUSE Linux Enterprise Server（SUSE）、無償のDebian、Ubuntu、CentOSなどが代表的。

図4-23　　　　ソフトウェア構成の違い

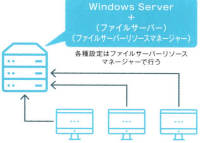

Windows Serverのファイルサーバー

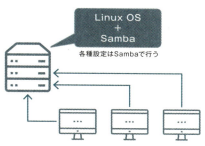

Linuxのファイルサーバー

その他の例としてメールサービスは、WindowsではメッセージングプラットフォームであるExchange Serverなどに機能が準備されている。LinuxではSMTPサーバー用にPostfixやSendmail、POP3/IMAPサーバー用にDovecotなどを個別にインストールまたは設定する
※メールのサービスは第5章で解説

図4-24　　　　設定画面の例

Linux（CentOS）での
Sambaのインストール画面

Windows Serverの
「サーバーの役割の選択」

Point

- Windows Serverでは必要なサーバーの役割を選定して設定することで利用できるようになる
- Linuxでは機能ごとに必要なソフトウェアをインストールする

やってみよう

NTPサーバーの設定

4-4で解説したNTPサーバーの設定をしてみます。

例えば自宅のWindows PCをクライアントPCとしてNICTのNTPサーバーを設定するのであれば、Windowsの設定で「時刻と言語」→「日付と時刻」→「別のタイムゾーンの時計を追加する」→「インターネット時刻」→「設定の変更」を選択してデフォルトの「time.windows.com」をNICTのNTPに変更します（紹介しているのはWindows 10での手順です）。

設定画面の例

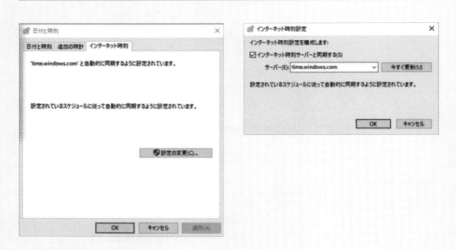

企業や団体のWindowsのクライアントPCからは「ローカルグループポリシーエディタ」から設定を見ることができる可能性もありますが、一般的にはクライアントPCにアクセス許可はされていません。

万が一、設定の変更ができると、図4-7のように一人だけシステムの同期が取れなくなってしまうからです。

もちろん変更する必要はありません。

第5章 メールとインターネット
~メールやインターネットで利用されるサーバー~

5-1　SMTP、POP3、DNS、Proxy、Web、SSL、FTP

》メールとインターネットを支えるサーバー

メールとインターネットの登場人物

　メールは送信を担当する**SMTPサーバー**とDNSサーバー、受信を担当する**POP3サーバー**で構成されます。
　インターネットの場合は少し複雑になりますが、**DNS**、**Proxy**、**Web**、**SSL**、**FTP**などのサーバーから構成されます（図5-1）。
　いずれもメールソフトの設定やブラウザの表示、セキュリティの確認などで目にすることがある言葉です。
　DNSサーバー、Proxyサーバー、SSLサーバーはメールとインターネットの両方に使われますが、それ以外は基本的には別の機能です。
　メールやインターネット関連のサーバーは機能ごとの筐体を分けることもあれば、1台のサーバーの中に複数の機能が納められることもあります。

近くて遠いサーバー

　ユーザーが日常的に利用する頻度からすれば、メールとインターネットに関連するサーバーは極めて身近な存在です。ファイルサーバーやプリントサーバーなどであればビル内や事務所内で目に見える場所に設置されていることもありますが、メールやインターネットを支えるサーバー群はビルの各フロアに置かれるようなことはありません（図5-2）。セキュリティに与える影響が大きいことから、万が一に備えてそのような扱いになっています。
　物理的には必ずしも近い存在ではないので、意外にも「**近くて遠いサーバー**」です。
　また、メールやインターネットを支えるサーバーは専用の処理を求められることから、ファイルサーバー、プリントサーバー、業務システムのサーバーなどと同じサーバーの筐体に同居することもありません。
　次節から、メール、インターネットの順で解説していきます。

図5-1　メールとインターネットのサーバー

メール

SMTPサーバー：
メールの送信

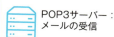
POP3サーバー：
メールの受信

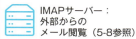
IMAPサーバー：
外部からの
メール閲覧（5-8参照）

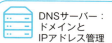
DNSサーバー：
ドメインと
IPアドレス管理

Proxyサーバー：
インターネット
通信の代行

SSLサーバー
または機能：
通信の暗号化

インターネット

Webサーバー：
Webサービスの
提供

FTPサーバー：
ファイルの
転送・共有

DNS、Proxy、SSLはメールと
インターネットの両方をサポートする

Windows Serverの場合にはメールなどのコミュニケーションはExchange Serverを利用する

図5-2　近くて遠いサーバー

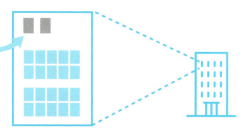

ラックなどの
専用の設置場所

- ファイルサーバーや
  プリントサーバーは
  事務所で目にすることがある
- メールとインターネットの
  サーバーは基本的には
  どこに設置されているかわからない

企業や団体などの
事務所・事務スペース

Point

- メールとインターネットで使われるサーバーには、SMTP、POP3、IMAP、DNS、Proxy、Web、SSL、FTPなどがある
- メールとインターネットのサーバーはセキュリティの観点から事務所内などで見かけることはない

5-2 SMTPサーバー

》メールを送信するサーバー

SMTPサーバーの役割

　SMTPサーバーはメールを送信するサーバーです。Simple Mail Transfer Protocolの略称で、メールを送信するプロトコルを利用します。メールの送信と受信でプロトコルが異なるので、サーバーもそれぞれ別になります。

　メール送信の流れは、図5-3のように**メールソフト**でメール送信用に設定してあるSMTPサーバーにメールを送ることから始まります。

　SMTPサーバーはメールアドレスの＠の後に書かれているドメイン名を確認して、DNSサーバー（**5-5**参照）にそのIPアドレスを問い合わせます。IPアドレスを確認できたらメールのデータを送信します。

　送信に際してメールソフトで設定されているユーザー名とパスワードで認証をしてから実行する手順はSMTP AUTHなどと呼ばれています。

SMTPサーバーのメールソフトでの設定

　SMTPサーバーはメールソフトの設定画面などで「smtp.ドメイン名」などで目にすることが多いでしょう。

　一方、メール受信のPOP3サーバーは「pop.ドメイン名」などで見ることがあります。次節でも解説しますが、プロトコルとそれに準じた処理が異なることからメールソフトでも別に設定します（図5-4）。

　メールソフトの設定画面からは、送信はSMTP、受信はPOP3と設定画面なども分かれていることから、送る処理と受け取る処理でそれぞれがまったく別のサーバーの機能のように感じます。

　しかしながら、あらためて図5-3を見ると、SMTPサーバーは送信に加えて受信の窓口にもなっています。メールの送受信サーバーと呼んでもよいかもしれません。

　次節ではメール受信のPOP3サーバーの機能を見ていきます。

| 図 5-3 | メール送信の流れ |

送信側企業

DNSサーバー

②ドメイン名から相手の
SMTPサーバーを
DNSサーバーに
問い合わせる

受信側企業

SMTPサーバー

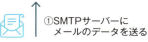

SMTPサーバー

①SMTPサーバーに
メールのデータを送る

③相手のSMTPサーバーに
メールを送る

| 図 5-4 | メールソフトでのサーバーの設定 |

メール送信の
SMTPサーバー設定

- SMTPサーバー
- ポート
- セキュリティの種類
- ログインが必要
- ユーザー名
- パスワード

メール受信の
POP3サーバー設定

- ユーザー名
- パスワード
- POP3サーバー
- ポート
- セキュリティの種類
- サーバーからメールを削除

- メールの送信サーバーと受信サーバーの設定はそれぞれに行う
- このときにそれぞれのサーバーの存在を意識する
- 上記はスマートフォンなどでの設定の例

Point

- メールの送信はSMTPサーバーの役割
- メールソフトの設定などでSMTPサーバーの存在を意識する機会が必ずある

5-3 POP3サーバー

» メールを受信するサーバー

POP3サーバーの役割

　POP3サーバーはメールを受信するサーバーです。Post Office Protocol Version 3の略称で、メールを受信するプロトコルを利用します。

　前節でSMTPサーバーを解説しました。SMTPサーバーには送信側のSMTPサーバーと受信側の窓口となるSMTPサーバーがありました。

　図5-5のように送信側の企業のSMTPサーバーから受信側の企業のSMTPサーバーに、SMTPサーバー間のやりとりでメールデータ自体は届いています。そして受信側企業のSMTPサーバーに、ユーザーが自分あてのメールを受け取りにいく際にPOP3サーバーを利用します。

　したがって、POP3サーバーは、クライアントがメールを受信できるようにするサーバーという方が適切かもしれません。

　また、SMTPサーバーは送信命令があれば直ちに相手のSMTPサーバーにデータを送りますが、POP3サーバーはメールデータがあるかないかをメールソフトで設定された定期的な間隔で確認するという処理の違いもあります。

SSLでの暗号化

　ユーザーはメールソフトで設定したPOP3サーバーにアクセスして、自身のメールボックスに保存されているメールデータを受け取りにいきます。その際にはユーザー名とパスワードによる認証が必要です。

　前節でメールソフトの設定の手順例を見ましたが、SSL（**5-6**参照）などで暗号化することもできます。これにより、POP3サーバーとクライアントの間のデータが守られるようになります（図5-6）。

　個人でメールの受信を設定する際に重要なのは、**メールを取りにいく定期的なタイミングと受信したメールをサーバーから削除するタイミング**でしょう。

図 5-5　メール受信の流れ

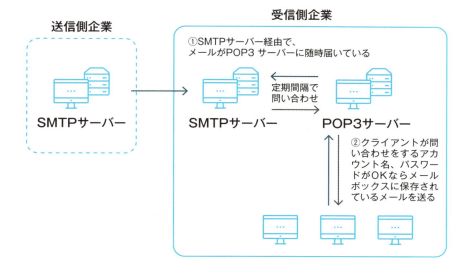

図 5-6　SSLを用いた暗号化

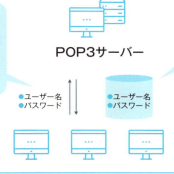

Point

- POP3 サーバーはユーザーからの要求を受けてユーザーにメールを送る
- ユーザーのメール受信設定で重要なのはメールの要求をする間隔とサーバーからメールを削除するタイミング

5-4　Webサーバー、HTTP

≫ Webサービスの提供に不可欠のサーバー

Webサーバーまでの道

　WebサーバーはWebのサービスを提供するサーバーです。

　私たちは日常的にブラウザからWebサイトを閲覧していますが、**Webサイトのコンテンツを提供している**のがWebサーバーです。

　しかしながら、クライアントの端末のブラウザから直ちにWebサーバーにつながるわけではありません。

　図5-7のように、クライアントPCのブラウザからのリクエストに基づいて、Proxyサーバーを経由してDNSサーバーでURLからIPアドレスへの変換をした後、調整を果たして、インターネットを経て目指す相手のネットワークに入り、Webサーバーにたどり着きます。

　メールと同様に登場人物が多いのが特徴です。

Webサーバーのメールソフトでの設定

　Webサーバーはブラウザのデータや処理を求める要求に対して、**HTTP**（HyperText Transfer Protocol）プロトコルに従って対応します。

　図5-8のように、ブラウザでは目的地のURLと、データがほしい、あるいは送るなどのメソッドを指定し、Webサーバーがそれらの要求に対応します。

　なお、Webサーバーのしくみに関しては、ここまでのようにユーザーもしくはクライアント中心で考えるとわかりやすいのですが、導入を検討するときは**サービスを提供する側の視点**で考えます。

　しくみの理解と実装はあくまで別の話です。

　例として、次の2つの視点が挙げられます。

- 閲覧を受けるWebサイトを提供する立場として処理性能を検討する
- 自社の代わりにWebサービスを代行してくれる事業者のサーバーやサービスなども検討する

図5-7　Webサーバーまでの道

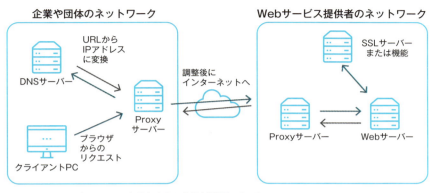

- DNSサーバーは5-2でも見たように意外と活躍している
- スマートフォンがクライアントとなる場合には、クライアントPCをスマートフォンに、企業や団体のネットワークをキャリアに読み替える

図5-8　Webサーバーの処理

参考：Webサイトの意味は立場によって異なる

- 一般的な「Webサイト」の意味

HPなどのWebページのまとまりを指す言葉として使われている

- IISの「Webサイト」の意味

マイクロソフトのIISでは作成したコンテンツを公開するときの単位を意味し、開発者はこの意味で使うことが多い

Point

- Webサーバーはおなじみのwebサイトを提供してくれているインターネットを代表するサーバー
- しくみや手順はブラウザから考えるとわかりやすいが、導入を検討するときはサービス提供者の視点で考える必要がある

5-5 DNS

ドメインとIPアドレスの紐づけ

DNSの役割

DNS はDomain Name Systemの略称で、ここまでも何回か登場したように**ドメイン名とIPアドレスを紐づけてくれる**機能を提供します。
再確認すると、利用シーンは次の通りです（図5-9）。

- メールアドレスの@の後ろのドメイン名をIPアドレスに変換する
- ブラウザで入力されたドメイン名をIPアドレスに変換する

私たちはDNSの存在を意識することはありませんが、メールでもWebでも活躍している非常に重要な機能です。また、大きくキャッシュサーバーとコンテンツサーバーの2つに分けられます。

システム規模により役割は変わる

DNSは重要な役割を果たしていることから、**ユーザー数やネットワークシステムの規模に応じて存在そのものが変わります**（図5-10）。
例えば、小規模な企業や組織であれば、DNSサーバーを設置するのではなく、メールやWebのサーバーの中に機能として同居します。
一方、数千人以上の大企業などであれば、メールやWebサイトへのアクセスの量は膨大ですから、DNSサーバーを設置するだけでなく、メール用とWeb用で分ける、さらにそれらを二重化することもあります。
これは、DNSの機能が停止するとメールの送信や外部のWebサイトの閲覧はできなくなることなどによる業務に及ぶ影響をできるだけ少なくしたいと考えることによります。
さらに、DNSをドメイン名の階層構造と同じように分ける構成もあります。キャッシュ、ルート、ドメインなどに分かれるとともに、ドメインで分岐します。
ユーザーがDNSサーバーを意識することはありませんが、ご自身の所属している企業や団体ではどのような存在になるか考えてみてください。

図5-9　DNSの役割

クライアントから@XX.co.jpの
IPアドレスを問い合わせ

DNSサーバー

@XX.co.jp、www.XX.co.jpの
XX.co.jpをIPアドレス（123.123.11.22）に変換する

DNSサーバーは2種類

IPアドレスを取得して
Webサイトの閲覧が可能に

対象のドメイン名の
IPアドレスが
キャッシュにあれば
キャッシュから応答

DNSキャッシュサーバー：
クライアントの要求に対応

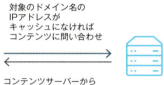
対象のドメイン名の
IPアドレスが
キャッシュになければ
コンテンツに問い合わせ

コンテンツサーバーから
キャッシュサーバーに応答

DNSコンテンツサーバー：
対応表を持っていて
外部のDNSにも対応

図5-10　DNSの導入パターンはさまざま

メールやWebサーバーにDNS機能が存在
（外部のDNSサーバーを利用）

Webサーバー

DNS
機能

※ホスティング
サービス事業者
などのDNSサーバー
を設定する

メールサーバー

DNSの二重化
（Webサーバーでの例）

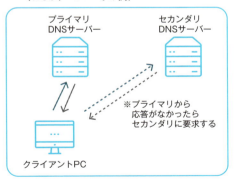

プライマリ
DNSサーバー

セカンダリ
DNSサーバー

※プライマリから
応答がなかったら
セカンダリに要求する

クライアントPC

Point

- DNSはドメイン名とIPアドレスを変換する機能
- メールやWebになくてはならない機能でユーザー数や利用頻度によってその存在は変わる

5-6 SSL

ブラウザとWebサーバー間の暗号化

通信の暗号化

SSLはインターネット上での通信の暗号化を行うプロトコルで、Secure Sockets Layerの略称です。

インターネット上で通信を暗号化して、悪意のある第三者からの盗聴や改ざんなどを防ぐことを目的としています。登場人物はサーバーとクライアントです（図5-11）。

クライアントにはおなじみのWebブラウザが、サーバー側にはSSL専用のソフトウェアがあります。

SSLの流れ

処理の流れの詳細は図5-12のように、SSLでの通信を行うことをサーバーとクライアントの両者で確認することから始めます。

確認後、サーバーから証明書と暗号化に必要な鍵を送って、通信する二者に固有の暗号と復号の準備ができたら、データの通信が進められていきます。

SSL機能がない場合にはデータが暗号化されてないことから、盗聴されて内容を見られてしまったり、データを改ざんされたりという可能性もありますが、SSL機能があれば安心です。図5-12では若干複雑な手順に見えますが、ユーザーとしては意識することはありません。

WebサイトのURLを注意して見ていると、個人情報やパスワードの入力などのタイミングで「http:」から「https:」に変わっているときがありますが、**httpsのときにはSSLが実行されています。**Webサイトによってはレスポンスタイムで若干違いが出るかもしれません。

なお、SSLの機能をWebサーバーと一緒に持つ場合と独立してSSLサーバーを設置する場合があります。

図 5-11　SSLのしくみ

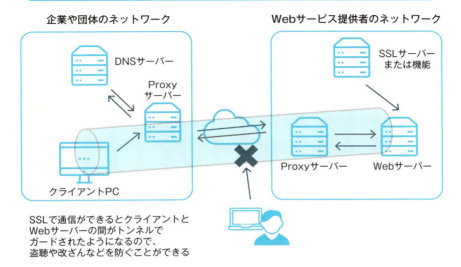

SSLで通信ができるとクライアントと
Webサーバーの間がトンネルで
ガードされたようになるので、
盗聴や改ざんなどを防ぐことができる

図 5-12　SSLの流れ

クライアントPC

SSLで通信することを確認

証明書の確認完了。
通信暗号化に使う
共通鍵を公開鍵で
暗号化して送ります

証明書と公開鍵を送るよ

暗号化された共通鍵を
持っていた秘密鍵で復号

固有の暗号と復号が確認できたので
データのやりとりを始めましょう

Webサーバー

- クライアントとWebサーバーの間では、SSL通信することを確認して暗号化の手順を確認してからデータのやりとりをする
- SSLは共通鍵ならびに公開鍵暗号方式を組み合わせている

Point

- SSLはインターネット上での安全な通信を実現するプロトコルとして広く使われている
- ブラウザのULRの表示がhttp:からhttps:に変わっているときにSSLが実行されている

5-7 FTP

インターネットを通じての
ファイル転送・共有

ファイルの転送

　FTPは外部とファイルをインターネット上で共有する、Webサーバーにファイルをアップロードするためのプロトコルで、File Transfer Protocolの略称です。

　社内でのファイルの共有は、ファイルサーバーに対象のファイルを保存することで可能となります。一方、インターネット経由で外部とファイルを共有するとなると同じようにはできません。

　内部のファイルサーバーの場合はディレクトリを指定することで保存などができますが、外部に対しては対象のコンピュータの**IPアドレスやURLを指定**して、接続して認証を受けてから転送を開始します。図5-13を見ると、ネットワーク内にあるファイルサーバーとは接続方法や手順が異なっても仕方ないと思われるでしょう。

　主な機能としては、外部コンピュータ内でのフォルダの作成、ファイルを外部のコンピュータに転送して共有するなどが挙げられます。

　図5-14ではFTPソフトの画面例を紹介しています。

　FTPの機能を活用するためには、クライアントとサーバーのそれぞれにFTPソフトがインストールされている必要があります。

FTPサーバーの実態

　WebサーバーにFTPの機能が含まれることが多いです。

　インターネット関連サービスの事業者はFTPサーバーを独立して設置してユーザーに提供することもあります。

　一方で、一般的な企業や団体では、社員が外部のサーバーにFTPソフトなどからファイル転送をすることはできないようになっています。

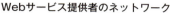

図5-13　FTPとファイルサーバーの違い

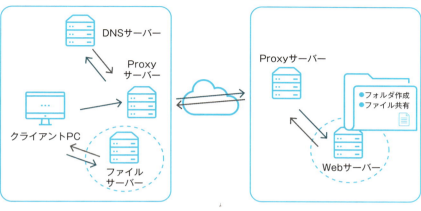

- 身近なファイルサーバーはディレクトリ指定でファイルにアクセスする
- 遠いWebサーバーにはIPアドレスやURLを指定して認証を受けてからアクセスする

図5-14　FTPソフトの画面

FTPソフトのFFFTPの画面例

- 丸で囲んだ部分にIPアドレスまたはドメイン名を入力して接続する
- 事前に管理者によりユーザー名とパスワードが登録されている必要がある
- Webサイト用のファイルや画像などの転送でよく使われる

FTPは認証やファイルの暗号化などを行わないことから、
最近ではFTPS（FTP over SSL）などのよりセキュアなプロトコルを使うようになっている

Point

- FTPはインターネットで外部とファイルを共有する、Webサーバーにファイルをアップロードするなどで使うプロトコル
- IPアドレスやURLを指定してファイルを転送する

5-8 IMAPサーバー

外部からメールを見たいときに利用するサーバー

IMAPサーバーの役割

IMAPはInternet Messaging Access Protocolの略称です。簡単にいえば**外部からメールを見たいシーンなどで利用されます。**

現実の利用シーンとしては、社内ではデスクトップPCでメールの送受信をしていますが、社外でタブレットやスマートフォンなどでメールを見たいというニーズに応えるしくみです。

例えば、現時点でSMTPとPOP3の機能があるので社内でのメールの送受信はできているが、今後は社外からもメールを見られるようにしたいなどというときにIMAPサーバーやIMAPサービスを追加します（図5-15）。

営業などの方の業務の効率化や社員全体のワークスタイル変革の施策として、外部からもメールを見られるようにするのがよくある使われ方です。

POP3との違い

POP3の場合はメールソフトでPOP3を設定した機器にメールのデータがダウンロードされます。もちろんPOP3サーバーに残す設定をしておけばデータは残ります。

それに対してIMAPはPOP3サーバーのメールを見せるだけなので、IMAPを見にいっている限りはメールのデータはサーバー側にあります（図5-16）。

閲覧できるだけなので、パスワード設定などで端末を開けられないようにすれば、セキュリティレベルが高いことを意味します。

外部からメールが見られるようにユーザーの認証をしてくれる機能を備えているのがIMAPサーバーだと考えるとわかりやすいかもしれません。

図 5-15　IMAPサーバーの位置づけ

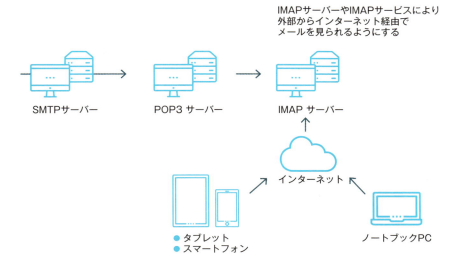

図 5-16　IMAPの機能

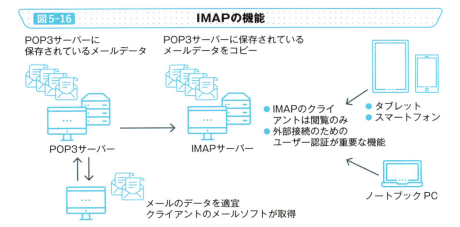

Point

- IMAPは、外出先などの外部からメールを見ることができるようにしてくれる機能でユーザーの利便性は高い
- IMAPはワークスタイル変革の流れの中で広がりつつある

5-9 Proxyサーバー

インターネット通信の代行

インターネット通信の代行

　サーバーや機能の名称はほとんどが略称ですが、**Proxy**は単語がそのまま使われている貴重な存在です。
　Proxyは代理の意味です。クライアントから見ると**インターネット通信の代行**をします（図5-17）。
　例えば複数のクライアントが同じサイトを見にいくようなケースであれば、2台目以降はProxyにあるキャッシュのデータを見るなどのように、単純に代理をするだけでなく効率化も図っています。
　上記の機能はユーザーからすれば意識することはないでしょう。

内部でのブロック

　企業や団体でのセキュリティポリシーやインターネットの運用のガイドラインなどにもよりますが、サイトによっては閲覧できない、禁止マークが表示されるなどの経験があるのではないでしょうか。
　これらもProxyサーバーの機能です。管理者の設定に従って**閲覧が好ましくないサイトやセキュリティの観点から問題があり得るサイト**などを**ブロックします**。
　さらに**外部からの適切でないアクセスに対してはクライアントを守るような形でブロックもします**。いわゆるファイヤーウォールとしての役割です（図5-18）。
　内部に対しては見たいサイトを見せてくれない厳しさを見せますが、実は私たちの知らないところで外部からの不適切なアクセスを遮断するなど、Proxyは内外の両面で活躍しています。
　DNSやSSLもそうですが、ユーザーが意識しないところで重要な働きをしています。

| 図5-17 | **Proxyサーバーの役割** |

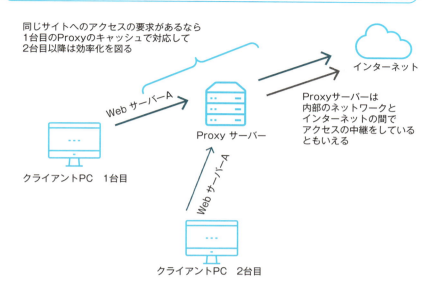

| 図5-18 | **Proxyの影の役割** |

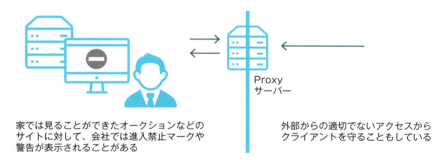

Point

- Proxyサーバーはクライアントのインターネットの通信を代行する
- 内部に対しては怪しいサイトを見せないようにする一方、外部からの不適切なアクセスからもクライアントを守っている

やってみよう

DNSサーバーと通信する

5-5でDNSサーバーについて解説しました。
　ドメイン名とIPアドレスを紐づけ、ドメイン名からIPアドレスに変換してくれています。
　実際にWindowsのPCからDNSサーバーと通信してみましょう。
　コマンドプロンプトから「nslookup」と入力します。このコマンドはDNSサーバーに直接リクエストを上げます。正しく通信ができていれば結果が表示されます。

nslookupコマンドの表示例

```
>nslookup 問い合わせしたいホスト名
サーバー：DNSサーバーの名前
Address：DNSサーバーのIPアドレス

名前：問い合わせしたいホスト名
Address：IPアドレスの結果
```

　問い合わせしたいホスト名には、例えばyahoo.co.jpなどと入力してみましょう。プロバイダのWebサービスを活用している企業や団体ではIPアドレスが表示されないこともあります。
　接続テストなので、Webサーバーを自ら設置していそうな有名なサイトや企業がよいと思います。
　DNSサーバーの名前には家庭からと企業や団体のネットワークから接続する場合では異なります。

第6章 サーバーからの処理と高性能な処理
~デジタル技術のサーバー~

6-1 サーバーからの処理、高い性能を活用した処理

≫ 組織の目線で考える

組織の目線で考えるとわかりやすい

　システムやサーバーなどを通じて、企業や団体は業務遂行の効率化や生産性向上を成し遂げることができます。

　クラサバという観点ではクライアントやユーザーの目線で語るべきということを**4-1**で解説しました。

　一方、サーバーから能動的な処理や高い性能に依存する処理では**組織の目線**で考えます。

　組織の管理者が配下の人材をマネジメントするように、サーバーがクライアントや配下のコンピュータならびにデバイスをマネジメントする視点で考えるということです。

　管理者が仕事場で配下の人材にさまざまな指示や確認などをするのはよく見かける光景です。

　このように、サーバーから命令や指示をするのが**サーバーからの処理**です。運用監視、IoT、RPA、BPMSなどのサーバーが挙げられます（図6-1）。

高い性能を活用した処理

　組織やチームでの活動を考えるときに、先ほどの監督と選手のような命令や指示の関係がありますが、それぞれの選手を並べて見たときに能力の突出した選手にしかできないこともあります。

　サーバーの高い性能を活用した処理はPCや配下のデバイスでは実現できないことです（図6-2）。

　以前と比較するとチームスポーツでも特別な能力を有している選手のスキルを活かす戦い方も多く見られます。スキルの高い選手しかできないプレイがあり、サーバーでしかできない処理もあります。

　近年脚光を浴びているAIやビッグデータなどです。

　次節では、サーバーからの処理から見ていきます。

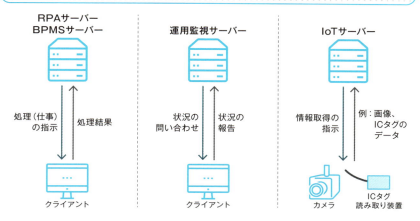

図6-1　組織の目線　サーバーからの処理

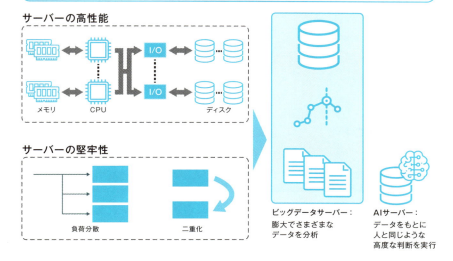

図6-2　高い性能を活用した処理

Point

- サーバーからの処理は組織の目線で考えるとわかりやすい
- スポーツで身体能力の高い選手でしかできないプレイがあるように、サーバーの高い性能がないとできない処理もある

6-2　運用監視サーバー

» システム運用の監視

ヘルスチェックとリソース監視

　システムの運用監視は、システムが正常に動作しているか監視する仕事です。サーバーやネットワーク機器の数量が増えてくると必須となるサーバーです。運用監視を行う専用のサーバーで行うのが一般的です。
　運用監視には、次の2つの側面での監視があります。

- **リソース監視**
　対象となる機器のCPU、メモリなどの使用率の監視やネットワークのトラフィックを監視します。監視の結果として、使用率を表示する、高い場合にはアラームを表示するなどします。
- **ヘルスチェック**
　サーバーやネットワーク機器などが動作しているか、運用監視サーバーから確認をします。「死活」監視と呼ばれることもあります。

　図6-3を見ると、運用監視サーバーは他のサーバーやネットワーク機器を監視していることから、少し上の立場であることがわかります。

目指しているのは安定稼働

　運用監視で目指しているのは、システムやサーバーが**安定して稼働すること**です。もちろん万が一障害が発生した場合に、直ちに対応するためという側面もあります。
　運用監視サーバーを導入するのは多数のサーバーやネットワーク機器を同時に管理するためで、実際の運用監視サーバーで見る画面は専用ソフトウェアの画面になります。なお、サーバーの数が少ない場合や小規模のシステムでは標準のツールで行うのが一般的です。
　図6-4は、Windows Serverのタスクマネージャーの「パフォーマンス」の画面です

図6-3　運用監視サーバーの位置づけ

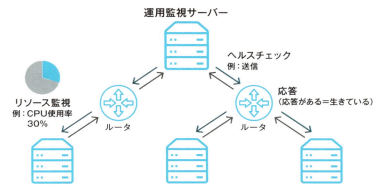

- 運用監視サーバーは、その他のサーバーやネットワーク機器を監視する
- 専用のソフトウェアとしては日立のJP1などが有名

図6-4　Windows Serverのタスクマネージャー「パフォーマンス」画面の例

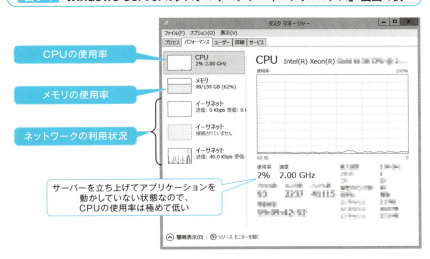

Point

- 運用監視サーバーの役割として、リソース監視とヘルスチェックがある
- 運用監視が目指しているのはシステムやサーバーの安定稼働

6-3 IoT

» IoTとサーバーの関係

IoTには2つの種類がある

IoTに関しては4-11で解説をしました。さまざまなデバイスから上がってくるデータをサーバーが集めて格納や分析、判断などをします。

少し細かい話ですが、データの収集には技術的には次の2つのタイプがあります（図6-5）。

- デバイスが取得、あるいは保持しているデータを**デバイス主導で上げてくる**
- デバイスを子にたとえると、**親となる装置から命令を発行してデータを吸い上げる**

前者はクライアント側から自律的に上げてくるので、本書ではクラサバに位置づけました。後者はサーバー主導ですから本章では能動的な機能です。

サーバーがデータを収集する理由

例えばカメラであれば、図6-5❶のように、自律的に撮影して画像を送信してくるタイプもあれば、❷のようにサーバー側が命令を発行して撮影を開始して画像を取得することもあります。

サーバー主導のIoTシステムは、必要なときに必要なデータを取得するという発想で設計がされています（図6-6）。

今後さまざまな分野で無人化が進んでいくと思われますが、サーバー主導は特定のタイミングや時間での状況を確認することを目指すので、店舗の在庫確認、顧客の来店状況などの即時性を求められる業務での活躍が期待されます。

現在のIoTはデバイスから情報を自動的に上げてくるクラサバのタイプが多数派です。

今後のビジネスの動向によっては**サーバー主導も広がっていく**でしょう。

図6-5　IoTのデータ収集の2つのタイプ

❶ デバイスが自律的にデータを上げてくるタイプ
　例：カメラ（撮影したら直ちにアップロード）、
　　　ビーコン、アクティブタグ

❷ デバイスにデータ読み取りの命令が発行されて、データを取得するタイプ
　例：ICタグ、カメラ（サーバーからの命令で画像を転送）

取得後随時、5分間隔などのようにデバイスや間に入るPCなどが定期的・自律的にデータをアップロード

サーバーが命令を発して、デバイスがアップロードする

図6-6　即時性を重視したIoTシステム

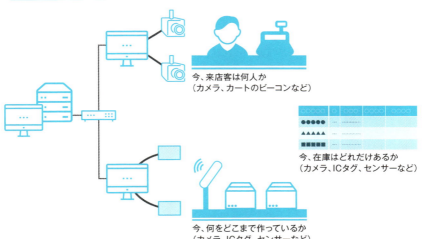

今、来店客は何人か
（カメラ、カートのビーコンなど）

今、在庫はどれだけあるか
（カメラ、ICタグ、センサーなど）

今、何をどこまで作っているか
（カメラ、ICタグ、センサーなど）

Point

- IoTにはデバイスが自律的にデータを上げるタイプと、親となる装置やサーバーからデータを取りに行くタイプがある
- 今後は即時性の状況把握へのニーズが高まっていることから、サーバー主導のタイプも増えていく可能性が高い

6-4 RPA

» RPAとサーバーの関係

RPAの2つのアプローチ

RPAはRobotic Process Automationの略称で、自分以外のソフトウェアを対象として**定義された処理を自動的に実行するツール**です。

例えばアプリケーションAからBにデータのコピーや照合、コマンドボタンをクリックするなど、人が操作していたことを代行してくれます。ソフトウェアが人の操作を自動的に行うのではるかに短時間でできます。

AIやIoTほどの知名度はありませんが、業務を自動化するデジタル技術のひとつとして新聞や雑誌などでたびたび紹介されています。

RPAはプロセスの自動化ですから、PCの操作を自動化するだけでなく、多数の自動化されたPCの操作を統合して管理することができます。

そのような機能があることから、現在は20人で2,000時間かけているような仕事を、PC操作の自動化と統合管理で半分近くにまで効率化することもできたりします。

自前でRPAサーバーを設置する理由

RPAはソフトウェアとしては、操作を自動的に行う実行ファイルのロボットファイル、ロボットファイルの実行環境、開発環境、さらにロボットファイルをマネジメントする管理ツールの4つで構成されています。

現在の主流はサーバーに管理ツールとデスクトップ用に仮想化されたロボットファイルと実行環境を配備して、各デスクトップがロボットファイルと実行環境を取得して実行します（図6-7）。

RPAのサーバーは管理者や開発者による定義に従って、それぞれのロボットの動作する順番や処理のスケジュール、実行状況や処理の完了を管理してプロセスの自動化を実現します。ユーザー管理やセキュリティ対応などの機能も有しています（図6-8）。

RPAは**企業や団体のシステム全体の縮図**のような機能を持っています。RPAの導入を進めると業務システム全般の基礎を学ぶことができます。

図6-7 RPAのソフトウェア構成と、サーバーとデスクトップPCの関係の例

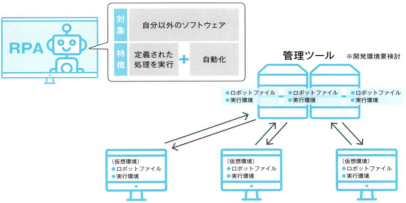

ロボットファイルと実行環境をサーバーから取得して実行する

図6-8 RPAは企業や団体のシステム全体の縮図

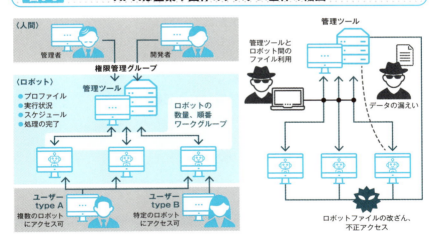

Point

- RPAは業務の自動化を実現するツールとして脚光を浴びている
- サーバーが主役のシステムで、各ロボットの実行、運用、セキュリティ管理などのように企業や団体のシステムの縮図のような存在

6-5 BPMS、業務自動化

継続的な業務改善

BPMSの2つの特徴

BPMSはBusiness Process Management Systemの略称で、具体的な例としては稟議などでのワークフローシステムなどが知られています。

BPMは**業務プロセスを分析して改善するステップ**を繰り返して、業務改善に継続的に取り組んでいく概念です。

BPMSは業務プロセスやワークフローの各種のテンプレートを備えており、テンプレートを利用したプロセスや、ワークフローの登録や変更により、業務の分析や改善へのステップに乗せることもできます。

特徴として次の2点が挙げられます（図6-9）。

- **プロセスやデータフローの変更が容易**
   例えば、あるプロセスを削除したり、データフローを変更したりするのを、テンプレートの図形の削除や移動で実現できます。
- **自律的な分析によるソリューション**
   各プロセスの処理量や処理時間などを記録していて、変更した方がよいプロセスなどの分析結果を示してくれます。

BPMSのサーバーは業務管理者の指示のもとで、業務の司令塔のような役割を果たしています。

BPMSが注目されている理由

企業や団体の業務自動化や無人化に対する取り組みが増えてくるとともに、BPMSはRPAなどとともに注目されています。

BPMSは配下のクライアントを操作している人のPC上での仕事の管理だけでなく、**RPAなども管理することができる**製品が増えています（図6-10）。人間の仕事とRPAなどのロボット、さらに一部のその他のソフトウェアも含めて管理することができます。

図6-9 **BPMSの2つの特徴**

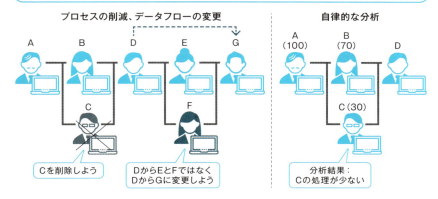

図6-10 **BPMSによる業務自動化の例**

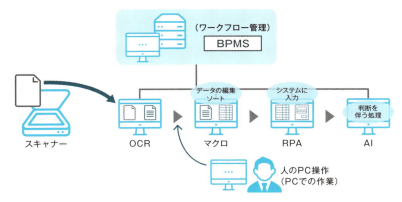

- BPMSがOCR、Excelのマクロ、RPA、AIをマネジメントしている例
- 業務の自動化・無人化の司令塔の役割を果たしている
- OCRとマクロの間に存在する人の仕事もマネジメントできる

Point

- BPMSは業務プロセスを分析ならびに改善しながらマネジメントすることができる
- 人のPC上での仕事の管理だけでなく、RPAその他のソフトウェアも配下に置いて業務の自動化に向けた貢献ができる

6-6 AIとサーバーの関係

AIの2つのアプローチ

　企業や団体でAIの導入は進みつつあります。AIの活用は今後さらに拡大していくでしょう。
　現在AIのシステムに関しては2つのアプローチがあります（図6-11）。

❶**クラウドで提供されているAIシステムを活用する**
　　クラウド事業者やITベンダーが提供しているAIシステムでロジックを定義し必要なデータを登録して計算結果を得ます（図6-12）。
❷**自らAIサーバーを設置する**
　　PythonやC++などのプログラミング言語やTensorFlowなどのAI開発支援ツールを使用して独自のAIシステムを構築します。

　❶と❷のいずれであれ、サーバーでの計算処理がメインのシステムです。取りあえずすぐに始めたいのであれば、上記の❶がお薦めです。

自前でAIサーバーを設置する理由

　AIサーバーを自前で構築する企業はデータが外に出ていくのを好まないということと、**独自の処理を実行したい**意図があります。クラウドサービスの場合は、ハード、ソフト含めて最新の環境でサービスの提供がなされるのが大きなポイントです。
　なお、AIにPCでなくサーバーを使う理由は、現時点で主に2つあります。

- 現在のAIは人が同じ事柄を学ぶよりも多くの学習データを必要とするので、大規模なデータ処理能力を必要とする
- 人間が行っていた各種の判断や分析などの重要な仕事を代行することから、高い堅牢性と性能を必要とする

図6-11　**AI活用における2つのアプローチ**

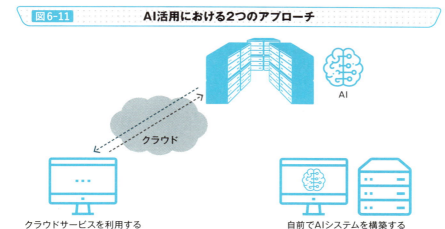

クラウドサービスを利用する　　　　自前でAIシステムを構築する

図6-12　**クラウドにおけるAIの利用イメージ**

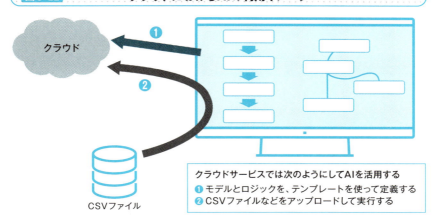

クラウドサービスでは次のようにしてAIを活用する
❶ モデルとロジックを、テンプレートを使って定義する
❷ CSVファイルなどをアップロードして実行する

Point

- AIシステムを構築するには、クラウドサービス利用、自前での構築の大きく2つがある
- すぐに始めたい・最新技術を活用したいならクラウドが適している
- 独自の処理を優先したいのであれば自前のAIサーバーが適している

6-7 ビッグデータ、構造化データ、非構造化データ

ビッグデータとサーバーの関係

ビッグデータの特徴

　ビッグデータのシステムはSNSやオンラインショッピングなどの発展とともに急速に進化してきました。

　それまでのデータ分析のシステムではDBMSのように構造化されたデータが主でしたが、ビッグデータといわれるようになってからは、大量の構造化データに加えて非構造化データもあわせて分析されています。

　図6-13で構造化データと非構造化データの例を見ると、非構造化データの分析の方が難しそうに見えます。

　実際の分析では、この例でいえば「おでん」という単語を検出して文脈を調査し、別の単語との相関関係から意味づけをします。

ビッグデータと呼ばれる理由

　例えば今期は「おでん」を大々的に販売していきたいというスーパーがあったとします。SNSやWebの書き込みなどから、「おでん」の文字が出始める時期、寒いを表す気温の推移といった直近の気象データや、店舗での関連商品の売上など、さまざまなデータを統合して分析することで、近日中に売上がかなり増えそうなどと予想することができます（図6-14）。

　売上データや気象データは構造化されていますが、SNSやWebのテキストデータは非構造化データです。

　大量のデータを分析して結論を出すための専用のサーバーです。ビッグデータは数テラバイト以上のデータ量ともいわれています。

　サーバーとしての高い性能がなければできない処理量であり、ビジネスに活かすには処理速度も要求されます。

　いまや影響力のある一人のブロガーに何十万というフォロワーがつく時代です。とても人間がExcelその他のツールで分析することは不可能です。

　次節でビッグデータを支える技術を見ておきます。

図6-13　構造化データと非構造化データ

図6-14　ビッグデータ分析の例

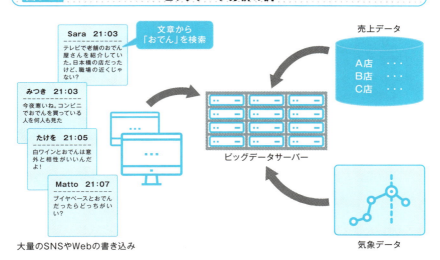

Point

- ビッグデータ（大量の構造化データと非構造化データ）が分析されている
- サーバーの高い性能があってこその計算処理、処理速度が実現できる

6-8 ビッグデータを支える ソフトウェア技術

Hadoop

Hadoopの特徴

　ビッグデータのサーバーは大量のデータを扱う企業や団体においては不可欠なサーバーとなりつつあります。
　ここでビッグデータの実用化を支えているしくみである**Hadoop**を見ておきます。
　Hadoopはオープンソースのミドルウェアで、**大量かつ膨大なデータを高速に処理する技術**です。Googleなどから発表された論文をもとに発展してきました。
　特徴として、構造化データだけでなく非構造化データを含むあらゆるタイプのデータを処理できるということと、PCサーバー（x86サーバー、IAサーバー）に実装できるということです。
　したがって、決して高価ではないサーバーを大量に並べて膨大なデータを処理することができます。
　データセンターなどでサーバーを集積する形態が主流です（図6-15）。

Hadoopのしくみ

　図6-16で「みかん農家」にたとえて解説します。今までは収穫したみかんはお母さんが1人でS・M・Lと不良品に選別していました。この作業をHadoop3姉妹に代わってもらうことにすると、みかんを3つに分割して3人でS・M・Lの選別をするように、複数のサーバーが同時並行で分散処理しますから当然速くなります。
　Hadoopの優れたところは不良品の検索でも発揮されます。みかんのサイズ（大きすぎ・小さすぎ）以外に、傷あり、部分的に色がよくないなど、さまざまかつ曖昧な非構造化データの検索にも強いということです。
　このような特徴がWebやSNSなどでの長文の中からキーワード検索をして計算処理を加える、構造化データと非構造化データを組み合わせて計算処理をするなどの**先進的な処理を可能にしています**。

| 図6-15 | **Hadoopの概要** |

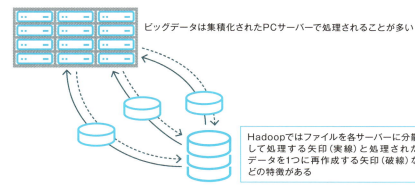

ビッグデータは集積化されたPCサーバーで処理されることが多い

Hadoopではファイルを各サーバーに分散して処理する矢印（実線）と処理されたデータを1つに再作成する矢印（破線）などの特徴がある

| 図6-16 | **Hadoopのしくみのイメージ** |

1人でS、M、L、不良品を選別していたのを3人で同時並行で行うとはるかに速い

みかんを分けておくHDFS（Hadoop Distributed File System）、選別と集計を行うMapReduceから構成される

分けておく：HDFS

長女　　　次女　　　三女

選別と集計：Map Reduce

選別の指示：Map
のそれぞれがS、M、L、不良品に分ける

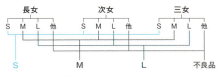

- Hadoopの後継候補としてApache Sparkがある
- Hadoopはデータの入出力を主にハードディスクで行うが、Apache Sparkはハードディスクだけでなくメモリに格納することで入出力の効率化を図ることができる

Point

- Hadoopは膨大なデータを高速に処理する技術で、構造化されたデータだけでなく非構造化データの処理にも対応できる
- WebやSNSなどの文章の中のキーワード検索と計算処理の組み合わせなど、さまざまな処理に適用ができる

やってみよう

AI化に向けたデータの整備〜データ項目の抽出〜

　さまざまなシーンでAIの活用が話題になっています。ここでAI化を進める際の最初のハードルとなるデータの整備をやってみましょう。
　ケーススタディとして値引きの決定を判断するAI化を取り上げます。

量販店のケース

　さまざまな量販店で商品の希望小売価格から値引き販売が行われています。例えば、10万円の商品を7万5,000円で販売しているとします。さらに値引きをして成約にこぎ着けるかどうかの判断は日常的に携わっている店員さんでも難しいことです。
　この難しい判断を誰もができるようにAI化してみます。
　AI導入後はお客様の様子を店員さんが携帯端末に入力すると、さらに値引きして交渉する方がよい、値引きしない方がよい、などの指示が画面に表示されるシステムとなります。

お客様の様子をデータ項目にする

　接客で値引きするかしないかに関わるお客様の様子を整理します。
　例としては、「お客様が当店のポイントカードを持っている」（持っているなら1、持っていないを0として、1と0でデータ化をする）などです。
　項目をいくつか挙げてみてください。もちろんご自身で以前から検討されているその他の例でも構いません。

-
-
-

（続きは174ページ）

第7章 セキュリティと障害対策
~脅威に応じた対策、装置・データでの違い~

7-1 情報資産、公開情報、秘密情報

» システムで何を守りたいか？

情報資産

　システムのセキュリティを考える際に重要なのは、**何を守りたいか**ということです。システムに関連する守りたいものとは**情報資産**です。

　情報資産には、システムを構成するサーバーやネットワーク機器、PCのような**ハードウェア資産**、各種ソフトウェアやアプリケーションなどの**ソフトウェア資産**、システムの中にある**データ**、システムを取り巻く**人的資産**、システムが提供する**サービスそのもの**とそれによる名声など、さまざまなものがあります（図7-1）。

　それぞれにセキュリティ対策がありますが、システムの形態にかかわらず共通して重要なのは**システムの中にあるデータ**です。

データの分類

　データは企業や団体において、次のように分類されます（図7-2）。

- **公開情報**：すでに公開されている情報、または公開してもよい情報
- **秘密情報**：公開してはいけない情報、秘密情報を明確に定義する

　秘密情報の中でも、さらに特定の人材に限定する関係者外秘情報や外部に持ち出すことを許さない社外秘情報などと分けることもあります。

　また、個人情報は秘密情報の一部ですが、漏えいは企業や団体の事業活動に大きなインパクトがあることから別に取り扱うことが多くなっています。

　データの分類はシステム障害の影響分析の中で重みをつけます。システムやサーバーでどのようなデータを扱うかでセキュリティ対策やそのレベルは異なります。

　したがって、**データをどのように管理するか**が重要となります。

　極端な言い方をすれば、公開情報だけしか扱わないシステムであれば、ハードウェアとソフトウェアの資産を守ることができればいいわけです。

> 図 7-1　情報資産とセキュリティ脅威の例

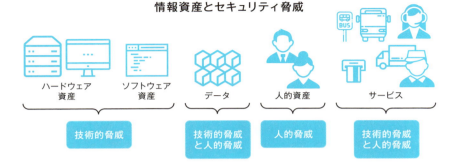

> 図 7-2　データの分類

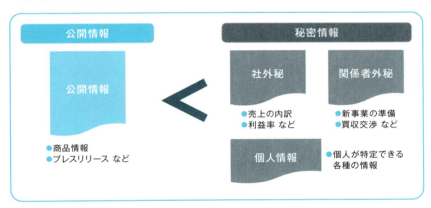

- 各種の秘密情報を取り扱う場合、セキュリティ対策は必須となる
- ハイレベルなセキュリティ方針として、クライアントPCをそもそもインターネットに接続しない、顧客情報を扱うときはネットワークに接続しないなどの運用をしている企業や団体もある

Point

- システムのセキュリティを考える際に守りたい情報資産を明確にする
- 情報資産はハードウェア、ソフトウェア、データ、人的資産、サービスなどから構成される
- なかでも、データが重要でどのようなデータが扱われるかによってセキュリティ対策は異なる

7-2 不正アクセス、データ漏えい

脅威に応じたセキュリティ対策

不正アクセスへの対策

　前節でセキュリティを検討する際のデータの重要性について述べました。システムやサーバーの中に重要なデータがあります。そのデータを目指して外部と内部の両面から**不正なアクセス**があり得ます（図7-3）。

　システムやサーバーが外部から不正にアクセスされると、**データが漏えい**する恐れがあります。秘密情報が含まれているとなるとデータ漏えいによる被害は甚大です。それを防ぐためには、技術的に**外部から不正なアクセスができないようにする対策**が必要となります。

　また、システムやサーバーにアクセスするユーザーやグループなどが適切に管理されてないと、内部からデータが持ち出される可能性もあります。せっかく外部からのアクセスを止めることができていても、内部から持ち出されてしまっては意味がありません。したがって、ユーザーの管理も重要です。

　4-2でアクセス権の設定について解説していますが、このような管理に加えて、実際に誰がシステムやサーバーにアクセスしたかシステムのログなどで確認する、さらに状況によってはクライアント端末のユーザーの操作そのものを監視する必要もあります。

データ漏えい対策

　万が一のデータの漏えいに備えてデータそのものを暗号化して、内容を見ることができないようにします。さらに、サーバーとクライアント間の通信などを**5-6**で解説したSSLなどで暗号化することもあります。

　図7-4では、ここまでに整理したセキュリティ脅威に対する対策をシステムやサーバー、ユーザー管理、データの順で示しています。

　外部からの不正アクセス対策のファイヤーウォールや**7-5**で解説するDMZの話をする前に、次節で情報セキュリティポリシーを押さえておきます。

図7-3　外部・内部からの不正アクセス

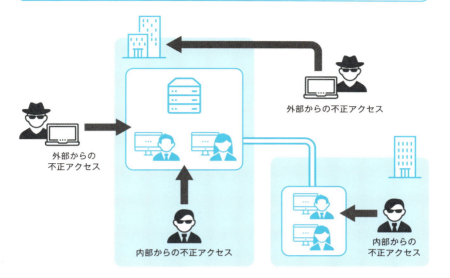

図7-4　セキュリティ脅威と対策の例

対　象	技術的／人的	セキュリティ脅威	対策例
システムやサーバー	技術的脅威	外部からの不正アクセス	●ファイヤーウォール ●DMZ ●デバイス間通信の暗号化
ユーザー	人的脅威	内部からの不正アクセス	●ユーザー管理 ●アクセスログの確認 ●デバイス操作の監視
データ	技術的脅威	データ漏えい	可搬媒体の中のデータの暗号化

※上記の他に対象全体に対してウイルスによる脅威がある

Point

- 主なセキュリティ脅威として、外部と内部からの不正アクセスやデータの漏えいがある
- セキュリティ対策は、システムやサーバー、ユーザー、データなどで異なる

7-3 情報セキュリティポリシーを意識する

情報セキュリティポリシーの役割

セキュリティポリシーといわれることが多いですが、正式には**情報セキュリティポリシー**と呼ばれています。企業や団体などの組織における情報セキュリティへの対策と方針、行動指針などをまとめています。

企業や団体によって事業や業務は異なることから、固有の情報システム資産に応じて作成がなされます。

近年は方針や具体的な活動を文書で規定するだけでなく、企業や団体を構成する人材に**ポリシーを共有してもらう**活動が盛んになっています。

日常的にポリシーを意識して事業や業務に携わるようになってきた背景には、多数の大手企業における情報漏えいなどの度重なる事故や不祥事があります（図7-5）。

情報セキュリティポリシーの内容

基本方針、対策基準、実施手順の3階層のピラミッドで構成されます（図7-6）。

- 基本方針
  情報セキュリティに対する基本方針・宣言が記述されます。
- 対策基準
  基本方針を実践するための具体的な規則が記述されます。
- 実施手順
  企業や団体の中の組織、人材の役割、システムの用途などによって違いがありますが、それぞれに必要な活動や手続きなどが記述されます。

セキュリティポリシーの中では、各組織が管理するシステムやシステムに関連した情報資産として各種のサーバーは位置づけられます。個別の1台1台のサーバーについて規定されることはありません。

図7-5 セキュリティポリシーが重要になってきた背景

セキュリティ教育

大手企業の顧客情報の漏えいなどから
セキュリティポリシーの重要性が高まる

文書として規定をまとめるだけでなく、
事故や不祥事の防止から文書を通じて
教育・共有することに重点が移ってきた

図7-6 情報セキュリティポリシーの内容

- **基本方針** ― 情報セキュリティに対する基本方針を記述
- **対策基準** ― 基本方針を実践するための具体的な対策内容を記述
- **実施手順** ― 企業や団体の中の組織、人材の役割、システム用途などによる違いに応じて必要な活動や手続きなどを記述

Point

- セキュリティポリシーは文書として規定されるだけでなく、日常的に意識されるべき項目として教育などを通じて徹底されている
- 基本方針、対策基準、実施手順の3階層から構成されている

7-4 ファイヤーウォール

外部と内部の壁

セキュリティの代表格ファイヤーウォール

インターネットでセキュリティといえば、**ファイヤーウォール**という言葉が頭に浮かぶでしょう。

ファイヤーウォールは、**企業や団体の内部のネットワークとインターネットとの境界で通信の状態を管理してセキュリティを守るしくみ**の総称です（図7-7）。

これまで見てきたサーバーの一部やアプライアンスサーバーなどがそれらの役割を果たします。小規模なネットワークであればルータが代行することもあります。

基本的には前節で解説した情報セキュリティポリシーに従って、内部のネットワークから外部のネットワークへの許可、外部から内部への許可を管理します。

内から外、外から内の違い

最初にユーザーの立場で身近な内から外へのアクセスについて整理します。**内部のネットワークから外部のインターネットに出るときは性善説での対応が基本です。** 第5章の複数の節でProxyサーバーについて解説した通り、必要なブロックはすでにProxyサーバーがかけています。図5-18で解説しましたが、見てほしくないURLや外部に出したくないファイル形式などの確認をしています（図7-8）。

一方、**外から内へのアクセスは性悪説で対応します。** 以前よりもセキュリティに関しての注意が叫ばれていることから、企業や団体では一層厳しく対応しています。

Webサーバーに対する内部からの通信であればHTTPやHTTPSのみを許可し、それ以外は許可しません。

また、SMTPサーバーに向けて送信されるメールや添付ファイルに対しても必要な確認をしたうえで中に通します。

図 7-7　ファイヤーウォールの位置づけ

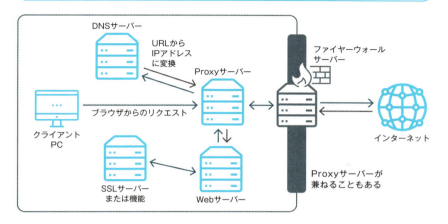

図 7-8　内から外、外から内の違い

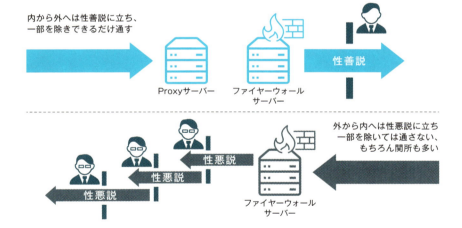

Point

- ファイヤーウォールが壁となって、内部のネットワークと外部との通信の管理をしている
- 内から外へは性善説でできるだけ通し、外から内へは性悪説のもとに厳しく管理する

7-5 DMZ

緩衝地帯

DMZとは？

　ファイヤーウォールがあれば内部のネットワークは安心と思ってしまうかもしれません。万が一に備えてできるだけセキュリティは高めたいものです。

　そこで考えられたのが **DMZ** です。DMZ は DeMilitarized Zone の略称です。直訳すると非武装地帯となりますが、外部（インターネット）→ファイヤーウォール→内部ネットワークでは危ないので、**内部ネットワークへの侵入を防ぐため、ファイヤーウォールと内部ネットワークの間に設ける緩衝地帯を指します。**

　日本のお城で大きなものでは2から3層の堀が設けられていて、本丸に行くまでに二の丸があり、さらにその外側に三の丸があるのと同じような構造です（図7-9）。

DMZの位置

　DMZを設置する目的は、万が一Webサーバーにセキュリティ問題が生じたときに内部のネットワークに被害が及ばないようにすることです。したがって、内部ネットワークとインターネットとの間に複数の緩衝地帯を設置します。

　そのためには、図7-10のように、物理的にファイヤーウォールの機能を増やしていく方法とソフトウェアで制御する方法があります。

　前者はまさにお城のお堀や城壁にあたります。後者は物理的なネットワークも異なるようにすることなどもあり、外部からはわかりにくくなります。

　以前はサーバーやセキュリティに関する書籍や記事の通りにファイヤーウォールやDMZを設定する企業や団体が多かったので、悪意を持った攻撃者は比較的容易に本丸にたどり着くことができました。

　ところが、クラウドや仮想化などの技術の普及から、以前に比べると本丸がどこにあるかがわかりにくくなっています。

| 図7-9 | **DMZは日本のお城と同じ考え方** |

城を守るために複数の層の堀や城壁があるように、
内部ネットワークを守るためにDMZがある

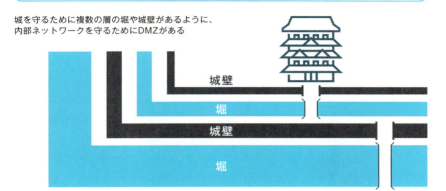

| 図7-10 | **DMZの位置** |

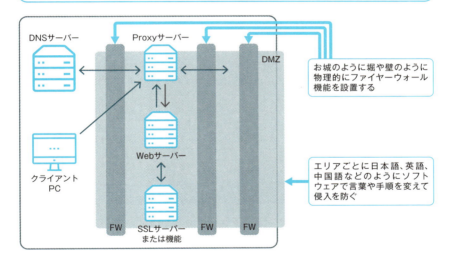

Point

- DMZと呼ばれる緩衝地帯を設けて内部のネットワークを守るようにしている
- 技術の多様化によって、内部ネットワークの中心がどこにあるかでさえもわかりにくくなっている

7-6 ディレクトリサービスサーバー、アクセス制御

サーバー内セキュリティ

強制アクセス制御機構

　近年は内部ネットワークの侵入を防ぐだけでなく、サーバー内部のユーザーによる情報の不正流出についても気を配るようになってきています。そのためには組織内のすべてのサーバーについて、ユーザーの認証からアクセスの実施までがセキュリティポリシーに従って行われているかどうか、保証・確認するしくみが必要です。主に次の機能から構成されます。

- 組織内の複数のサーバーにまたがって、一元的にユーザーを管理・認証する（ディレクトリサービスサーバー）
- セキュリティポリシーに従って、ユーザーのアクセスを制御する（強制アクセス制御機構）
- セキュリティポリシーに従って、正しくアクセス制御ができているかを確認してログも残す（監査機構）

　図7-11では業務サーバーへのアクセス要求を例として上記の機能のプロセスをまとめました。

ディレクトリサービスサーバーのメリット

　図7-11と図4-15を見比べるとわかるように、SSOサーバーと同様な機能を果たすこともできます。さらに、図7-11で見たようにアクセスできる情報を細かく厳密に定義することができます。
　パスワードの桁数や文字列の組み合わせに関するルールなどの入口から、アクセスする情報の管理とログなどの出口まで管理できます。
　図7-12のように、ユーザーやシステムの両面で整理できていない状況であればディレクトリサーバーは効果的です。
　定義に際して準備や工数は必要ですが、ネットワーク内部でのセキュリティを保つためには有効な手段です。

図7-11　業務サーバーへのアクセス制御の例

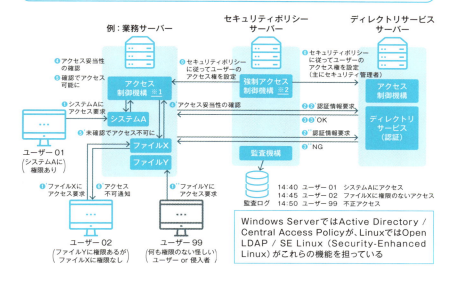

図7-12　ディレクトリサービスサーバーの効果

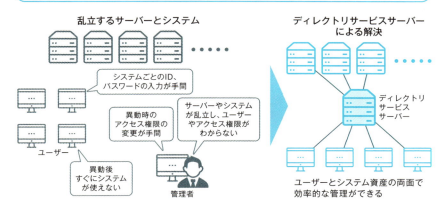

Point

- ユーザー管理のサーバーを設置することで、各サーバーのセキュリティを強化することができる
- 詳細で厳密な定義を必要とするので相応の準備が必要だが効果も高い

※1　ユーザー情報とログインの役割に専念
※2　ポリシーに従ってアクセス権を設定

ウイルス感染、ウイルス対策

ウイルス対策

ウイルス感染の原因

ウイルスに感染する原因はさまざまですが、ユーザーの行動に起因することが多いといわれています。主なものを挙げると次の通りです（図7-13）。

- 外部のWebサイトの閲覧
- 受信メールのリンクから外部サイトの閲覧、添付ファイルのオープン
- ダウンロードしたプログラム
- PCにUSBメモリや各種媒体を読み込ませる

ウイルスに感染すると、PCが利用できなくなる、データが外部に流出する可能性があることなどが想定されます。万が一サーバーにも感染すると、その被害は甚大です。

そのようなことを避けるために情報セキュリティポリシーやそれに準じた運用の細則に従って、ユーザーが上記の行為をしないのが原則ですが、並行して**ウイルス対策ソフト**を活用します。

ウイルス対策サーバーの機能

ウイルス対策ソフトはサーバーとクライアントの両方にインストールしますが、主なものはサーバー主導でクライアントPCへの更新も行います。

サーバーには次の機能があります（図7-14）。

- 最新のソフトウェアの確認ならびにインストール
- クライアントのソフトのバージョン、レベルの確認ならびに更新作業の指示

これまで解説してきたサーバーの中では、**4-4**のNTPサーバーが機能的に近いです。後ほど登場するWSUSサーバーなども同様な機能です。

| 図7-13 | ウイルスの感染経路の例 |

| 図7-14 | ウイルス対策サーバーの概要 |

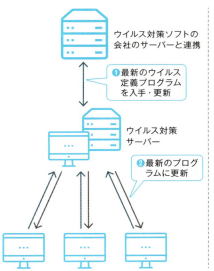
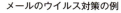
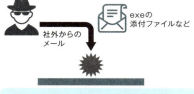

社外からの悪意のあるメールや、社内のウイルスPCからの感染拡大を防ぐために、exeなど特定の拡張子のファイル添付を阻止する機能をサーバーやクライアントに持たせることが多い

Point

- ウイルス対策として、ユーザーが自分の行動に気をつけるだけでなく、専用のソフトウェアを利用する
- ウイルス対策のサーバーは、常に最新ファイルを確認してサーバー自体とクライアントの更新を行う

7-8 フォルトトレランス、二重化、負荷分散

≫ 障害対策

バックアップの論理的な概要

　システムとサーバーは安定稼働してこそ、導入当初の目的を達成することができます。

　障害が発生しても稼働し続けるシステムを**フォルトトレランスシステム**（Fault Tolerance System：障害許容システム）などと呼びます。

　障害対策を講じることは安定稼働に不可欠です。物理的、技術的な観点で整理しておきます。

物理的な観点

　サーバー本体はもちろんですが、サーバーとネットワークをつなぐネットワークカード（Network Interface Card：NIC）、ディスク、ディスクに格納されているデータのそれぞれに障害対策が必要です（図7-15）。

　また、各機器に共通して必須な電源供給を確保するための対策も必要です。

技術的な観点

　技術的な観点では、大きく次の2つの考え方があります（図7-16）。

- 二重化

　本番系（アクティブ）と待機系（スタンバイ）のように、利用している機器と、何かあったときのために待機している機器をあらかじめ用意しておいて、万が一の際には待機系に切り替えるという考え方です。

- 負荷分散

　複数のハードウェアを用意しておいて、負荷を分散させる考え方です。

図7-15　障害対策の物理的な概要

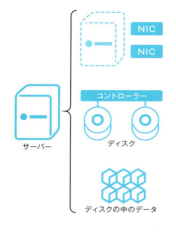
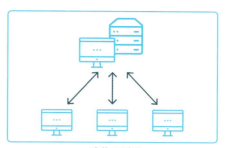

- 建物の耐震
- 電源の供給

東京にシステムの拠点がある企業なら北海道や大阪以西などに同様の拠点と設備があると災害対策は万全

図7-16　障害対策の技術的な概要

対象	技術名称	概要	性質
サーバー本体	クラスタリング	本番系に障害が発生したら待機系に切り替わる	A
	ロードバランシング	複数に分けて負荷を分散させることで障害発生を未然に防ぐ	B
NIC	チーミング	ネットワークカード（NIC）に障害が発生して通信できなくなるのを防ぐ	A、B
ディスク	RAID	二重化のRAID 1、分散させて格納するRAID 5など	A、B
データ	バックアップ	フルバックアップ、差分バックアップ、レプリケーションなど	A
各機器・筐体	UPS	停電の際の電源供給機能と安全にシャットダウンする機能を持っている	A

二重化（A）

負荷分散（B）

Point
- 障害が発生しても稼働できるシステムはフォルトトレランスシステムと呼ばれている
- 障害対策には大きく二重化と負荷分散の2つの考え方がある

7-9 クラスタリング、ロードバランシング

サーバーの障害対策

複数のサーバーを1つに見せる形態

　前節で述べたように、サーバーの二重化技術としてハードウェア障害に備えた**クラスタリング**という技術があります。

　クラスタリングでは導入にあたって本番系と待機系の複数のサーバーを用意しておきます。

　クライアントからは複数台が1台に見えるようになっていて、**本番系が故障したらすぐに待機系に切り替わるようになっています**（図7-17）。

　第3章でいくつかの仮想化技術を解説してきましたが、複数のサーバーを1つに見せる形態です。

複数に分けて負荷を分散させる形態

　ロードバランシング（Load balancing）は負荷分散ともいわれますが、文字通り**複数台のサーバーで作業負荷を分散させて処理性能と効率を高める手法**です。

　クラスタリングは障害発生後に有効ですが、ロードバランシングはあらかじめ負荷を分散することで障害の発生を未然に防ぎます。

　ユーザーは特に意識しませんが、ソフトウェアまたはハードウェアが状況に応じてアクセスするサーバーを選定します。

　わかりやすい例としてはWebサーバーが挙げられます（図7-18）。

　アクセス数が増えていくと1台のサーバーでは応答しなくなってしまったりするので、台数を増やしていくことで対応します。

　専用のアプライアンスサーバーやOSに付属しているソフトウェアを活用します。

| 図7-17 | **クラスタリングの概要** |

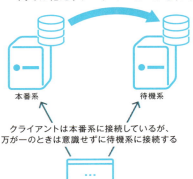

| 図7-18 | **Webサーバーのロードバランシングの例** |

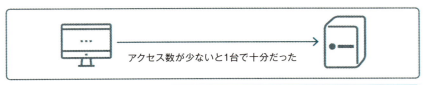

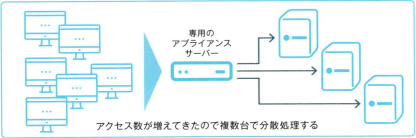

Point

- クラスタリングは本番系に障害が発生したら待機系に切り替える手法
- ロードバランシングは複数台負荷を分散させることで障害の発生を未然に防ぐ手法

7-10 ネットワークとディスクの障害対策

チーミング、RAID

ネットワークに接続できなくなることを防ぐ技術

サーバーはネットワークに接続されていますが、その出入口となるネットワークカードに障害が発生して通信できなくなるのを防ぐための技術が**チーミング**です。

主要な2つの方法を見ておきます（図7-19）。

- **フォルトトレランス**
  本番系と待機系のカードがあって、障害発生時に待機系のカードに切り替えます。
- **ロードバランシング**
  複数のカードを利用していて、サーバーのロードバランシングと同様に負荷分散を行います。

複数のハードディスクを1つに見せる技術

RAID（Redundant Arrays of Inexpensive Disks）は複数のハードディスクを1つに見せる技術です。主要なレベルを紹介します。

サーバーのクラスタリングのように二重化するRAID 1（レイド・ワン）、データを分散させて格納するRAID 5（レイド・ファイブ）、RAID 6（レイド・シックス）などのレベル別の機能があります（図7-20）。

RAID 1は1つのディスクが故障しても同じデータを格納している別のディスクがあるので継続が容易ですが、2倍のディスク容量を必要とするのでコストもかかります。

RAID 5やRAID 6は分散させて格納することで複数箇所のデータを一度に読み込めるので、アクセス性能の向上を図ることができます。万が一の場合にはデータ修復処理の必要性から予備のディスクを配備することもあります。データの重要性や復旧にかける時間、システムを複雑にしたくないなどの要求に基づいてRAIDのレベルを選択します。

図7-19　　チーミングの概要

Linuxでは「bonding（ボンディング）」と呼ばれていてさまざまなモードがある。例えば、この図のフォルトトレランスはactive-backupというモードを設定する

図7-20　　RAIDのレベル別機能

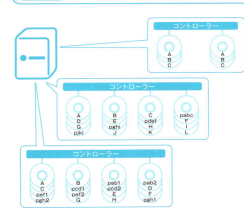

RAID 1の場合
- データを2台のディスクに同時に書き込む
- 「ミラーリング」とも呼ばれる
- 一方が故障したら直ちに切り替わる

RAID 5の場合
- 例えば4系統の中のある系統のディスクがクラッシュしても残りの3つからデータが復元できるようになっている
- ディスクAに障害が発生したらBとCとpabc（A、B、Cのパリティ）からAのデータを復元する

RAID 6の場合
例えば4系統のうち2系統のディスクがクラッシュしても、パリティを2つ備えているので残りの2つからデータが復元できるようになっている

- 上記のRAIDに加えて予備のディスクを休ませておくことで、故障時に自動的に故障したディスクに置き換わるホットスタンバイ（ホットスペア）機能と組み合わせることもある
- なお、最近はOSにデータの冗長化や電源瞬断などの事故発生時でもデータを復元するしくみが取り入れられつつある。Solarisなどで利用可能なZFS（Zettabyte File System）やLinuxのBtrfs（B-tree File System）などが挙げられる

Point

- サーバーのネットワーク接続を安定的に確保するために、チーミングがある
- チーミングの手法にはフォルトトレランスとロードバランシングがある
- ディスクの障害対策としてRAIDがあり、RAID 1、RAID 5、RAID 6などがある

7-11 フルバックアップ、差分バックアップ

» データのバックアップ

バックアップの論理的な概要

　障害が発生して起因する事象の中で、最も困ることのひとつがデータの消失です。サーバーやストレージにはさまざまな重要データが収められています。万一消失した場合の影響は甚大です。

　そのために定期的にデータのバックアップを行います。データのバックアップには、すべてのデータを定期的にバックアップする**フルバックアップ**とフルバックアップをもとにして差分データをバックアップする**差分バックアップ**があります（図7-21）。

　以前は、フルバックアップ＋差分が主流でしたが、データの量がそれほど大きくない場合や、システムをシンプルにしたい要求（差分データからの復元は複雑であること）、サーバーやストレージのコストの低下などから、フルバックアップが増えつつあります。

バックアップの物理的な概要

　物理的な実装の形態は、次のものが挙げられます（図7-22）。

- **本番系に加えて待機系と呼ばれる予備のサーバーを用意して、そこに定期的にバックアップしておく形態（より確実な手法）**
- **同一の筐体内に予備のディスクを用意してバックアップする形態**
- **DVDやテープなどの外部媒体の活用**

　図7-22を見ると、バックアップとリストアが容易な形態はコストがかかる、一方手間がかかるものはコストが低いことがわかります。ディザスター・リカバリー（事業継続のための災害対策）を重視する企業や団体もあります。

　なお、ミドルウェアやアプリケーション側からデータを複数の記憶領域に格納するレプリケーションという方法もあります。

図7-21　バックアップの論理的な概要

フルバックアップ

差分バックアップ

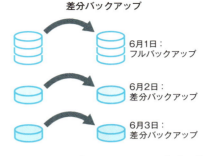

リストア（復元）

- 理想的なのはフルバックアップ
- 丸ごとコピーして戻せばいいから簡単
- 予備のサーバーやストレージの有無など、コスト面をクリアする必要がある
- 最近はハードウェアの価格低下から以前よりもフルバックアップが増えつつある

6月1日：
フルバックアップ

6月2日：
差分バックアップ

6月3日：
差分バックアップ

- 差分バックアップは、フルバックアップからの差分データのみコピーする
- 差分データの種類が多いとリストアの難易度は高い

図7-22　バックアップの物理的な概要

本番系　　待機系

- 確実なのは本番系から待機系へのバックアップ
- アプリケーションは同じものがインストールされている
- サーバーが2台必要だが安心

- サーバーの中に予備のディスクを備えてバックアップ
- サーバーは1台だが予備のディスクを増設

- DVDやテープ装置などの媒体にバックアップすることもある

災害を想定して、東京に本番系、大阪に待機系などのディザスター・リカバリーという発想もある

本番系　　待機系

レプリケーションの手法にはデータを複数のディスクに書き込むものがある

Point

- バックアップにはフルバックアップと差分バックアップがある
- バックアップは、待機系と呼ばれるサーバーを設置する、同一サーバー内にバックアップ用のディスクを増設する、DVDやテープなどの外部媒体を活用する、といったやり方で実現する

7-12 自家発電、UPS

》電源のバックアップ

建物の停電対策

サーバーは電源があって稼働しています。

停電などで電源の供給が停止したらサーバーも停止してしまうので、対策をしていないと大変なことになります（図7-23）。

まず確認するのは導入するビルなどでの停電対策です。大きなビルや病院、マンションなどでもそうですが、一般家庭と異なり複数系統の電源供給を受けているので、短時間の停電であれば別の系統への自動切り替えで業務を継続することもできます。

また、電力会社などからの送電が停止しても自家発電機を備えている建物もあるので、この場合は数分以内で電力の供給が受けられます。

サーバー導入時にはUPSを必ず手配する

UPSはUninterruptible Power Supplyの略称で、急な停電や電圧の急激な変化からサーバーやネットワーク機器などを守る機器です。

UPSは電源供給が停止した際に、**対象の機器にバッテリーから電源を供給する機能**と、専用のソフトウェアをインストールしておくことで**機器を安全にシャットダウンできる機能**を持っています（図7-24）。

例えば、サーバーに15分の給電能力を持っているUPSを接続している場合には、停電したらすぐにUPSの電源が利用されます。停電の時間が15分を超えそうな場合には、一定の時間でサーバー内にある専用ソフトとUPSが連携してシャットダウンをします。

つまり、停電時間が短ければ特に意識することはない、停電時間が長い場合は突然のダウンを避けるようにしているということです。簡単にいえば、人間の代わりにUPSが付き添って電源の管理をしていると考えるとよいでしょう。

基本的にサーバーの導入に際してはUPSを必ず手配します。サーバーの大きさに比例してUPSのサイズも大きくなります。

| 図7-23 | 停電したら建物の電源供給はどうなるのか？ |

停電が発生したら電源供給はどうなるか、サーバー導入前に確認する
- 複数系統の電気供給が受けられるか
- 自家発電機を持っているか

| 図7-24 | UPSの概要 |

❶ 停電を検知してサーバーに電力を供給する
❷ サーバーに専用ソフトをインストールしておけば安全にシャットダウンできる

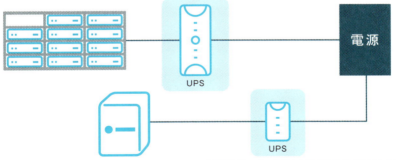

UPSはサーバーの出力に比例してサイズが大きくなる

Point

- サーバー導入の際は必ずUPSも手配する
- UPSは停電の際の電源供給機能と安全にシャットダウンする機能を備えている

やってみよう

AI化に向けたデータの整備～データの作成～

　148ページでデータ項目を想定することをしました。次のような例を挙げてみます。

- 当店のポイントカードを持っている＜持っている・持っていない＞
- 家族やカップルなど複数名でのご来店＜複数名・1名＞
- お客様から最初に商品の質問を受けた
  ＜お客様から・スタッフから＞
- 競合店の話をされた＜競合店の話題あり・なし＞

　これらの項目を簡単に数値化するために1と0の結果を組み合わせて、さらに値引きをするかどうかの決定をしているとします。

データの作成と整備

　上記の項目をもとにデータを作成していきます。接客の履歴をさかのぼるか、履歴がなければ新たにデータの作成を進めていきます。作成例は次の通りです。ご自身でも作成してみてください。

ポイントカードの有無	複数名／1名	お客様から／スタッフから	競合店の話の有無	値引きした／しない
0	1	0	0	0
1	1	1	0	1
0	1	1	1	1
1	0	1	0	1

　例示のようなデータは機械学習の教師ありデータと呼ばれています。一般的にデータ量が多いほど精度が上がります。
　AIシステムの実現において自前でサーバーを設置する場合とクラウドサービスを使う場合があることを解説しました。
　いずれにしても教師ありデータを作成できないとAI化は進まないので、ぜひこのような取り組みを心がけてください。

第8章 サーバーの導入
〜構成・性能見積り・設置環境〜

8-1 クラウド、オンプレミス、保守

変わりゆくサーバーの導入①

導入検討での変化

　サーバーの選定は以前とかなり変わってきています。
　例えば20年前はクラウドサービスがなかったので、オンプレミスで自社内にサーバーを設置するのが基本でした。もちろんサーバーの選定の前に、こんなシステムを作りたいという検討が必要であることは今も昔も変わりません。
　しかし、いまや新しいシステムはまずクラウドを検討するのが基本の時代。世の中もモノを持たないでシェアリングする方向に進んでいます。

クラウドから考えるとわかりやすい

　将来の業務の変更や扱うデータ量、ユーザー数などの急激な増減があり得るのであれば、フレキシブルに対応できるクラウドを候補とします。
　ユーザーの増加傾向や時間帯や期間での利用状況の推移などを見極めながら、クラウドのままいけるかの判断をしてもよいでしょう。
　しかしながら、業務の変更がほとんどないとしても、まずはクラウドで考えて、次にオンプレミスやレンタルを検討すればよいのです（図8-1）。

サーバーも使い捨ての時代になるか

　クラウドから考えることができるようになったのは大きな変化ですが、時代とともに、他にも変わりつつあることがあります。
　以前はサーバーを購入すると定期的な保守や故障発生時の保守などの契約をするのが一般的でした。
　いまや数年前に数百万円だったサーバーが百万円くらいで買える時代です。壊れたら予備のサーバーに取り換える動きも出ています。特に多数のサーバーを導入しているデータセンターなどでは日常的です（図8-2）。
　確かに、サーバーの数が膨大な場合には、保守費用を払うよりも予備のサーバーやユニットを手元に置いておく方が数によってはコストが低いかもしれません。

図8-1 サーバーをクラウドから考える

```
どんな       → サーバーは      → クラウド → オンプレミスか
システムか      どんな処理を                  レンタルか
              するか
```

これからのサーバー選定はクラウドから先に考えた方がわかりやすい。その後で、オンプレミスかレンタルか考える。クラウドサービスの中には利用状況の季節変動に対応するものもある

関連用語：スケールアウト
システムの処理能力を向上させるためにサーバーの台数を増やすこと。

関連用語：スケールアップ
CPUなどのユニットの性能を上げて処理能力を高めること。

図8-2 サーバーも使い捨ての時代になっていく？

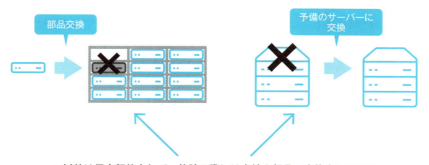

- 以前は保守契約をして、故障の際には点検や部品の交換をしていた
- 最近は新しいものに取り換えてしまう動きも出てきている
- 背景にあまり壊れなくなったことと、サーバー台数の増加がある

Point

- サーバーを選ぶときには先にクラウド、次にオンプレミスかレンタルかで考えるとわかりやすい
- サーバー価格の低下や数量の増加から、保守の考え方も多様化しつつある

8-2 デジタル技術、デジタル・トランスフォーメーション

変わりゆくサーバーの導入②

設計・構築での変化

　クラウドの登場だけでなく、特定の用途であれば、設定作業で使うことのできるアプライアンスサーバーの登場でシステム開発全体から見ても楽になっています。
　以前はサーバーの構成設計や動作の確認などで工数を必要としていました。クラウドなら利用開始後の変更が容易です。また、アプライアンスサーバーは必要なソフトウェアがインストールされていて動作確認が事前に済んでいるので安心です（図8-3）。

工数の削減

　以前と比較すると、システム開発や導入に要する工数の中で**サーバーに関連する部分は減っています**。
　特に中小規模のシステムであれば、サーバーに関連する作業が占めるウエイトが高いことから削減効果は絶大です。

ビジネスを考える時間を増やそう

　現在は**デジタル技術**を活用してビジネスを変革する**デジタル・トランスフォーメーション**やデジタル・イノベーションが叫ばれている時代です。
　デジタル技術の充実により、情報システムがビジネスにおいて重要視されるようになってきました（図8-4）。
　デジタル技術の活用においてはシステムを検討するだけでなく、ビジネスの検討も求められます。ビジネスを企画する人がシステムも考える時代です。
　上記で浮いた工数は**ビジネスを検討する時間にあてる**、**最新のデジタル技術を学習する時間にあてる**などで有効活用してはいかがでしょうか。
　多くのビジネスパーソンにとってAIやIoTなどのデジタル技術への理解が不可欠な時代になりつつあります。

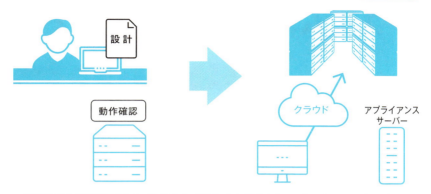

設計や動作確認が不要で、取りあえず使えるクラウドとアプライアンスサーバー

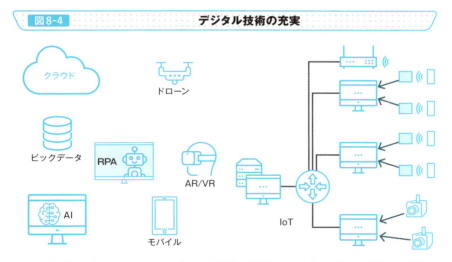

デジタル・トランスフォーメーション（DX）、デジタル・イノベーション（DI）の時代

> **Point**
> - クラウドやアプライアンスサーバーなどの登場で、システム開発におけるサーバー関連の作業の工数は減っている
> - 浮いた時間でビジネスの検討や新技術の学習にあててほしい

8-3 システム構成について考える

システム構成をイメージする

システムの導入を検討するときには、最初にシステム構成をイメージします。

例えば新たな部門で業務システムを導入するのであれば、前節でも解説したようにクラウドか自前のサーバーかの検討から始まります。

一般的な業務システムの場合には、現時点ではまだ自前でオンプレミスのサーバーを設置することが多いでしょう。

その場合はデータ処理への要求や量、ユーザー数などを踏まえたうえで、サーバー、クライアント、ネットワークとそれぞれの概要の構成がイメージできます（図8-5）。

近年、構成を考えるうえで難しくなっているのは、本書でもたびたび紹介してきたようなクライアントの多様化があり、仮想化の検討も必要になっているからです。

事例や動向の確認

オーソドックスには前項のような検討をします。

次に加えてほしいのが、**自社の過去の事例、メディアなどで公開されている同種の事例、システム動向などを確認する**ということです。

すると、図8-5の点線で囲んだ部分のように、無線LANにも対応しておいた方がよい、開発やテスト用のサーバーがあった方がよいなどの漏れが確認できます。さらに同種のシステムに関しての事例を、Webサイト、雑誌、各種セミナーなどで調べた方が間違いありません。

デジタル技術などの新しい技術や分野であればさまざまな媒体で学習や研究をされていると思いますが、どのようなシステムの検討であっても同じステップは織り込んでください。

そのようにすることで、ビジネスとITの動向に沿った長く使えるシステムになります（図8-6）。

図8-5　システム構成の想定例

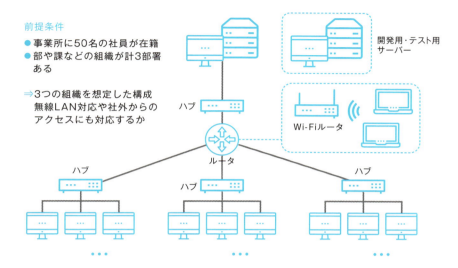

前提条件
- 事業所に50名の社員が在籍
- 部や課などの組織が計3部署ある

⇒ 3つの組織を想定した構成
無線LAN対応や社外からのアクセスにも対応するか

図8-6　構成検討のステップ

ビジネスとITの動向に沿った長く使えるシステムにつながる

Point

- 基本的な情報をもとにシステムの構成を想定する
- 同種の事例やシステム動向の確認、さらに最新技術の学習などもして、適切な構成か確認してほしい

8-4 サーバーの性能見積り

サーバーの性能見積り

3-2で性能見積りについて触れましたが、本節ではもう少し詳しく解説します。

主に次の3つの視点ならびに方法の組み合わせで行います（図8-7）。

❶**机上計算**
　ユーザー要求に従って、必要なCPU性能などを積み上げて算出します。最も基本的な進め方です。

❷**事例、メーカー推奨**
　同種の事例やソフトウェアのメーカーや販売店などの推奨を参考にして判断します。ほぼ同じような事例があればかなり有効です。

❸**ツールでの検証**
　特にWeb関連のサーバーなどで用いられる手法です。負荷を検出するツールなどで、現状のCPUやメモリの利用状況などを把握して、その実測値をもとに検討を進めます。

変化しつつある机上計算

以前のCPUの机上計算は、クロック周波数（動作周波数帯）が中心でした。例えば、2GHzのCPUは1秒間に20億回の計算ができるなどの数値をもとにして積み上げていました。

近年はCPUの性能が飛躍的に向上してデータ量が膨大でない限りは気にならなくなってきたことや、各種のアプリケーションをマルチタスクで活用したいというニーズなどから、PCサーバーにおいては、**CPUのコア数やスレッド数を中心に見積もることが主流**となっています（図8-8）。

CPUコア数とは、簡単にいうと、CPUのケース（CPUパッケージ）の中にいくつのCPUが入っているかということで、スレッド数は処理できる仕事の数またはソフトウェアの数を指します。

| 図8-7 | 性能見積りを考えるうえでの3つの視点 |

机上計算による積み上げ

同種の事例やメーカー推奨を参考にする

ツールをインストールして性能や負荷の測定を行う

| 図8-8 | CPUのコア数とスレッド数 |

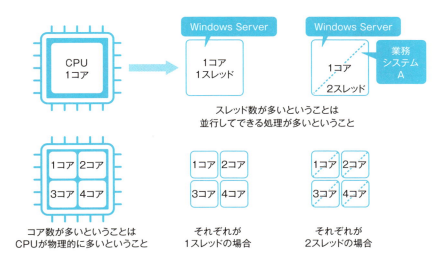

Point

- サーバーの性能見積りはCPUを中心に進めていくが、ユーザー要求に従って机上計算する方法が基本で、同様な用途や規模の事例、メーカーの推奨なども参考にして進めた方がよい
- CPUの性能向上などを背景として、PCサーバーではコア数やスレッド数を中心として見積もる方法が主流となってきている

8-5 仮想化環境での見積り

性能見積りの例

前提条件のケーススタディ

本節では性能見積りでポピュラーな机上計算と過去の導入事例を組み合わせたケースを紹介します。

筆者のチームでは、顧客企業向けにITのコンサルティングをしています。自らの業務の効率化、顧客向けシステム開発、新技術習得のために、オンプレミスのサーバーを設置することもあります。

仮想化環境の例で紹介しますが、**ラフスケッチ**を描いてシステムやソフトウェアの構成に漏れがないように確認します（図8-9）。

前提条件
- Windows Server、VMwareでの仮想化環境

サーバー
- サーバー用ソフト：業務システム、BPMS、AI、RPA
- ミドルウェア：MS SQL

PC
- AI、OCR、RPAなど計5セット

机上計算のケーススタディ

上記のソフトウェアから**仮想化を前提**として見積もります（図8-10）。

サーバーにOSを含めて6セットありますが、過去の事例とソフトウェアメーカーの推奨から、CPUのコア数とメモリを4コア・8GBをVMwareの基準値としました。また、デスクトップPCは同様に2コア・4GBを基準値としています。

これらを図8-10のように合計すると、34コア・68GBとなります。

この34と68をベースとして実際に手配するサーバーの性能をどのようにするかですが、業務で使うウエイトは高くはないので、係数として1.25で乗じています。結果としてCPU44コア、メモリ96GBのサーバーを選定しました。

ディスクもRAIDなどの構成に従って見積もります（参考）。

| 図8-9 | ラフスケッチを描いて確認する |

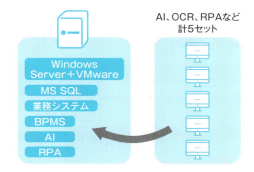

<CPUとメモリの見積り>
サーバーの仮想環境：計6
PCの仮想環境　　：計5

ラフスケッチを描いて確認し、漏れや間違いがないようにする

| 図8-10 | 机上計算の進め方 |

<CPU・メモリ>

サーバー用 VM	<4コア・8GB> × 6セット	=	24コア・48GB
デスクトップ用 VM	<2コア・4GB> × 5セット	=	10コア・20GB
合計			34コア・68GB
調整後（×1.25）			43コア・85GB
≒手配			44コア・96GB

注1）仮想化環境だと仮想化ソフト（本件ではVMware）に統合されるので個別のソフトウェアによる違いは生じない。
　　　したがって、メーカーの推奨値や事例で仮想環境の基礎数値に数量を乗じていけばよい
注2）一般的に余裕を見ておくための調整は1.2から1.5前後。
　　　今回は業務システムのウエイトが高くないので大きく見積もる必要がないことから1.25としている
注3）調整後と手配が異なるのは、サーバーのCPUやメモリの構成に合わせたため
注4）ディスクについてはRAID 6とホットスペアを組み合わせて実効5TBとしている。
　　　全体で8系統であり、そのうちパリティが2、ホットスペアが1であることから、8－2－1＝5となる。
　　　RAID 6やRAID 5などではパリティの分を想定するため実効容量が少なくなる

参考：ディスクの見積り　　　　　　　　　　　　　　　　　　　　　　　　　　　各1TB

Point

- 性能見積りをするときには、ラフスケッチを描いて進めると間違いがない
- 事例やメーカー推奨などから基礎数値を確定して適切な計算を行う
- ピーク時の運用や将来の拡張を見込んで係数で調整するが、拡張性をどこまで見込むかの判断は必要

8-6 設置場所

サーバーをどこにどのように置くか?

サーバーの設置場所

　オンプレミスでサーバーを手配する際に、物理的なサイズを確認できたら、事前に必ず検討してほしいのが**設置する場所と方法**です。選択枝としては一般的に次の3つがあります（図8-11）。

- 事務所内の管理者の座席の横や下（一時仮置き）
- 事務所内の専用のラックに設置する
- サーバールーム（電算室）に設置する

　サーバーが発する音はPCよりはるかに大きく、筐体の形状によっては温度の高さや発熱を感じるタイプもありますから、机が並んでいる執務スペースに置くことはお勧めできません。設置するには**専用のスペース**が必要です。企業や団体によっては、ファイルサーバーやプリントサーバーのような各部門や部署ごとに設置するサーバーを事務所内の専用ラックに置かれていることもあります。

設置・格納の方法

　設置する場所が決まったら、次にどのように設置または格納するかです。基本的な選択肢は次の2つです（図8-12）。

- 床に直置きする
- 専用のラックに収める

　ラックは19インチラックが基本で、音や熱などへの対策から扉つきのタイプもあります。

| 図 8-11 | サーバーの設置場所 |

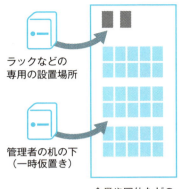
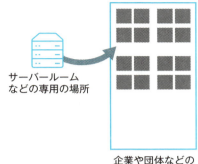

ラックなどの
専用の設置場所

管理者の机の下
（一時仮置き）

企業や団体などの
執務スペース

サーバールーム
などの専用の場所

企業や団体などの
サーバールーム

※IT機器のみが並んでいる

| 図 8-12 | 設置・格納の方法 |

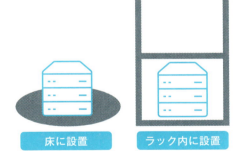

事務所内

机の下に設置
※サイズが大きい・
　音が大きい・熱いことから
　お勧めしない

床に設置　　ラック内に設置

専用スペースや
サーバールーム

Point

- オンプレミスでサーバーを手配する前には、必ず設置の場所と方法を検討すること
- サーバーはPCと比較すると、物理的に大きく、音も大きい、熱も高いことから基本的には専用のスペースや部屋に置くこと

サーバーの電源

サーバーの消費電力

　サーバーはご承知のように電源供給を必要とする機器です。
　電力会社などによれば、一般家庭では電気の契約数は30A（アンペア）や40Aが多いとのことです。40Aの場合、一度に利用できる電化製品は4,000Wまでですが、例えばドライヤーや電子レンジはそれぞれ1,000W前後ですから、各部屋で冷暖房を使っているときなどは注意しているでしょう。
　サーバーの消費電力は、稼働しているときは、小さいものでも数百W以上で、筐体が大きいタイプでは1,000Wや2,000Wを超えますから、常に大きなドライヤーを利用しているような状況にあるといえます。ちなみにPCの消費電力はデスクトップの稼働時は100W前後、ノートブックPCは40W前後ですが、いずれも新しいモデルになると少しずつ低くなっているようです。
　もし家庭にサーバーを置くとしたら40Aから50Aなどに契約を変更する必要がありますが、これは事務所でも同じことがいえます（図8-13）。
　オンプレミスで導入するタイプや構成が確認できたら、**メーカーや販売店が提供している消費電力を計算するソフトウェアなどで確認をしてください**。

そこにあるコンセントで使えるか？

　消費電力として問題がないことが確認できたら、物理的に電気が供給されるかどうかを確認します。
　家庭用の電化製品は100Vが基本ですが、サーバーは単相（1φ）AC200Vが大半ですが、3相（3φ）AC200Vの場合もあります。事務所などの状況によっては分電盤などの工事を必要とすることがあります。
　また、コンセントの形状も図8-14のような三又が主流です。
　基本的なことですが、**サーバーの電源アダプタを接続して使える状態かどうか**は確認すべきです。

| 図8-13 | 消費電力と電力会社などとの契約 |

一般家庭では30Aや40Aの契約が多い

- ドライヤーと電子レンジがそれぞれ約1,000W
- 家庭で数百Wの小型サーバーを導入するとしたら契約を変更する必要がある

理屈は一般家庭と同じなので
事務所やフロアで
サーバーに供給できる電力が
あるか確認する

| 図8-14 | コンセントの形状 |

コンセント側の形状　　　プラグ側の形状

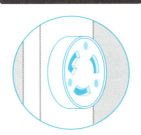

Point

- サーバーは消費電力が大きいので、必ず最大消費電力を事前に算出して事務所などで使える状態か確認する
- 電圧やコンセントの形状なども一般の電化製品とは異なるので確認する

8-8 IT戦略との整合性の確認

IT戦略の確認

　ある業務を効率化するために新しいシステムならびにサーバーを導入したい、あるいはAI、IoT、RPAなどのデジタル技術を導入して競合優位性を確立したいなど、システムやサーバーの導入にはさまざまな動機や目的があります。

　そのときに確認すべきことが、**ITポリシー**と情報システム部門が作成しているガイドラインです。

　ITポリシーは、企業や団体での情報技術やシステムの活用について体系的にまとめられている規程です。内容としては、戦略、基本方針、体制、運用などで構成されています。ITポリシーは一定の期間で評価して、PDCAを回してよりよい内容への進化を目指します（図8-15）。

　比較的よく耳にすることのあるセキュリティポリシーは、その配下に位置づけられます。

　以前はそれらを作成していなかった企業や団体もありましたが、現在では整備されつつあります。

　導入を検討しているシステムやサーバーがITポリシーに合っているか、規程文書などを見て確認する必要があります。

情報システム部門への相談

　そのような時間が取れない、あるいはよくわからないということであれば、**情報システム部門の方に相談して確認する**のが早いでしょう。

　そのときにはポリシーやガイドラインの存在や内容だけでなく、システムやサーバーの購入に際しての予算、稟議の方法、決裁者の確認に始まり、調達、手配、導入、運用開始後の管理に至るまで、確認することをお勧めします。

　情報システム部門や総務部門などの関連部門や関係者の方々に相談をして、自らあるいは自部門ですべきことを明確化して進めます（図8-16）。

図8-15　ITポリシーの概要

ITポリシー：
企業や団体での
情報技術やシステムの活用について
体系的にまとめられている規程

IT戦略、基本方針、体制、運用
などの内容が整理されている。
セキュリティポリシーは
その配下に存在する

- 長い場合にはA4で数十枚を超える文章となっている
- 最近は企業や団体の内部のWebサイトで公開されていることが多い

図8-16　情報システム部門との相談

情報システム部門に相談する

ITポリシーやガイドラインとの整合性に加えて

社内手続き
- 購入予算
- 稟議の方法
- 決裁者の確認

調達と運用
- 調達（発注）
- 各種手配
- 実際の導入
- 運用開始後の管理

- 企業によっては、情報システム部門でなく、総務部門や経営管理などの場合もある
- サーバーならびに関連のソフトウェアは発注から納品までに時間を要することがあるので、早めの準備や必要な活動の確認を心がけること

Point

- システムやサーバーの導入にあたってITポリシーとの整合性を確認する必要がある
- 情報システム部門などの情報システム全般に関わる部門には必ず相談して進めること

8-9 サーバー管理者、アドミニストレータ

》サーバーは誰が管理するか?

誰が管理するか?

システムならびにサーバーを導入したときには、誰かが必ず管理する必要があります。管理者は**アドミニストレータ**などと呼ばれることもあります。

クライアントPCであれば、ユーザーが日常的に利用する中で状況を把握できますが、サーバーは共用されるので、あらかじめ誰が管理するか決めておかないと面倒を見る人がいない状態になってしまいます(図8-17)。

前節でITポリシーと情報システム部門への相談などを解説しましたが、企業や団体では、どこにどのようなシステムやサーバーが入っているかは、情報システムを統括する部門が管理しています。個々のシステムやサーバー、特に部門などで使われる場合には、管理を部門に任せているところもあります。

サーバー管理者の仕事

部門でシステムやサーバーを管理する方の業務の例を見ておきます。
企業や団体の部門の管理者に共通しているのは次の事項です(図8-18)。

- **ユーザー管理**:システムのユーザーの新規登録、追加・変更、削除など
- **資産管理**:サーバーやソフトウェアに資産として管理番号が付されるので、実際に利用している・していないを確認。特に注意を払うのはサーバーやPCなどへの外付けの機器
- **運用管理**:サーバーの場合には適切な運用がされているか定期的に確認する必要がある。セキュリティのチェックなども含まれる

このように、システムやサーバーによっては、相応の管理工数を必要とします。**導入の検討に際しての管理者は誰か、このような業務の想定工数なども確認して臨みましょう。**

| 図 8-17 | サーバーの管理者が必要 |

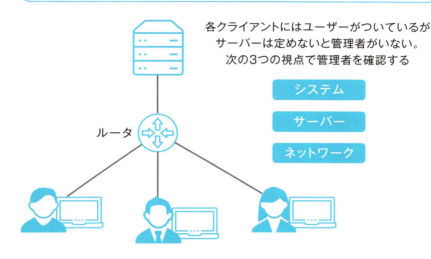

各クライアントにはユーザーがついているが
サーバーは定めないと管理者がいない。
次の3つの視点で管理者を確認する

- システム
- サーバー
- ネットワーク

| 図 8-18 | 部門のシステムならびにサーバー管理者の業務の例 |

システムならびにサーバーの管理者の業務

- ユーザー管理
- 資産管理
- 運用管理（セキュリティを含む）

関連文書や報告書作成

※機器の実物の管理などもあるので
　数量が多いと煩雑になる

Point

- サーバーの管理者をあらかじめ決めておかないと、誰も管理しないおそれがある
- 部門でシステムやサーバーを管理する方の業務には、ユーザー管理、資産管理、運用管理などがある

8-10 ユーザー管理、ワークグループ

≫ サーバーのユーザーは誰か？

誰が利用するか？

　前節では管理者をテーマにして解説しましたが、本節ではユーザーについて整理します。

　ユーザーが数名などの少ない場合を除くと、システムやサーバーのユーザーは**ワークグループ**と呼ばれる一定のグループで管理します。

　考え方の基準となるのは **4-2** で触れた Windows のロールベースアクセス制御（Role-based access control）です。ロール（Role）は仕事上の役割、機能を表し、職責上必要な権限を役割に従って割り当てます。

　ワークグループといっても、企業や団体の業務であれば、**業務を遂行する機能や単位でグループを編成する**のが基本です。日本の企業では多くの場合、部があってその配下に課やグループなどがあります。各部は部長、課長、グループリーダー、一般社員などから構成され、職務権限の違いがあります。ワークグループを考えるときには縦のグループと横のグループがあることを意識してください（図8-19）。

ユーザーの権限

　ユーザーとその権限をグループ化して管理することで、営業部のA課長が情報システム部の課長になったら、営業部のファイルにはアクセスできなくなる一方、情報システム部のファイルにアクセスできるように容易に変更できます。また、課長であることに変更がなければ、課長以上がアクセスできるファイルは従来通りとなります。

　組織で考えると見落としがちなのが**システムの管理者**と**開発者**です。

　システムの管理者には異動に伴う利用者変更の権限や対象となるシステムやファイルの大半にすべてアクセスできるような権限を持たせることが多いです。

　機能追加などの開発が続いているシステムであれば開発者によるメンテナンスが必須なことから、開発者にも一定の権限を持たせます。

> 図8-19　　　　　　　　　ユーザーの概要

	総務部	営業部	情報システム部
部長	👤	👤	👤
課長	👤👤	👤👤	👤👤
グループリーダー	👤👤👤	👤👤👤	👤👤👤
一般社員	👤👤..👤👤	👤👤..👤👤	👤👤..👤👤

部単位でグループを分ける、部長のみ、課長以上などの職務権限で分ける

> 図8-20　　　　　　　　システム管理者と開発者は必須

システム管理者

- 組織の役割で考えると、システム管理者を忘れてしまうことがあるので注意が必要
- ユーザーの新規追加登録、変更などはシステム管理者が行う

システム開発者

機能追加があり得るシステムなどは、開発者にも一定の権限を付与しておかないと、アプリケーションの更新やテストなどができなくなってしまう

Point

- 組織単位や役割などでユーザーをグループ分けし、管理する
- 組織だけで考えるとシステムの管理者や開発者の存在を忘れてしまうことがあるので注意したい

8-11 システム開発工程に見る サーバーの導入

ウォーターフォール、アジャイル

システム開発工程

　サーバーの構成設計や性能見積りは単独で行われることはなく、システム構築の流れでのプロセスのひとつとして位置づけられます。

　システム開発の伝統的な工程である**ウォーターフォール**の中で位置づけを確認します。

　ウォーターフォールは滝が流れるように、要件定義、概要設計、詳細設計、開発・製造、結合テスト、システムテスト、運用テストの各工程に進みます。別の開発手法としては、アプリケーションやプログラム単位で、要求・開発・テスト・リリースを回していく**アジャイル**があります（図8-21）。

サーバーに関する各工程での作業

　各工程でのサーバーの作業をまとめておきます。特に**前半の工程が重要**です（図8-22）。

- 要件定義
    ユーザー要求の取りまとめから要件を定義します。
- 概要設計・詳細設計
    要件定義に従って構成設計や性能見積りをします。
- 開発・製造
    サーバーの構築とセッティングをします。
- 各種テスト
    サーバーだけではなく、ネットワークやシステム全体があります。結合テストでネットワークなどとの整合性、システムテストではシステム全体での動作確認、運用テストで入出力処理をユーザーが実行して確認します。

図8-21　**システム開発工程**

ウォーターフォールのプロセス

要件定義 → 概要設計 → 詳細設計 → 開発・製造 → 総合テスト → システムテスト → 運用テスト

アジャイル開発のプロセス

要求・開発・テスト・リリース
要求・開発・テスト・リリース
要求・開発・テスト・リリース
要求・開発・テスト・リリース

図8-22　**サーバーの重要な作業は前半戦にある**

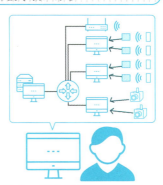

要件定義：
ユーザー要求を取りまとめて要件を定義する

概要設計・詳細設計：
要件定義に基づいたサーバーの構成設計ならびに性能見積り

サーバーの手配：
システムの規模によっては、開発系と本番系の両者を用意する必要があるので、それぞれのサーバーの手配にも留意すること

Point

- システム開発工程においてサーバーはすべての工程に関わっている
- サーバーにとっては特にシステム開発工程の前半戦が重要

やってみよう

基本的な2つのテーマ

ここでは2つのテーマで整理してみます。サーバーを実際に見ることとサーバーやシステムとご自身がどのような関係であるかです。

その1　サーバーを見る

第3章で最も身近なサーバーのひとつとしてファイルサーバーを挙げました。以前から存在する企業や団体であれば既存のファイルサーバーがあります。

日常的に利用しているファイルサーバーですが、実際にどこに置いてあるかご存じですか。

設置場所がわかったら実際に自分の目で確かめてみましょう。

その前にサーバーの管理者が誰かということを調べる必要があります。

机の下、専用のラック、あるいは専用の部屋など訪れて見てください。なお、セキュリティの観点から直接見ることができない場合もあります。

その2　サーバーやシステムとの関係

次に別のサーバーやシステムを1つ挙げて、ご自身とそれらとの関係を定義してください。

第9章でも解説しますが、おおむね次のように大別されます。

最も近い立場に○をつけてみよう	種　別	例	経験の有無にも○をつけてみよう
	システムを企画する人	経営幹部、ユーザー、情報システム部門の方、ITベンダー、コンサルタント	
	システムを開発する人	情報システム部門の方、ITベンダー、コンサルタント	
	システムを利用する人	ユーザー	
	システムを管理する人	情報システム部門の方、ユーザー、ITベンダー	
	今後に向けて学習中	今後に向けて検討	

以前の章でサーバーとの関係を整理していれば、サーバーやシステムに対する興味が一層明確になっているかもしれません。

まだ遅くはありませんから、関わりが深い章や節をぜひ読み直してください。

サーバーの運用管理
~安定稼働を実現するために~

第9章

9-1 安定稼働、障害対応、運用管理、システム保守

》稼働後の管理

安定稼働と障害対応

システムの運用開始後は**安定稼働**を目的とする管理に入ります。

以前は**障害対応**に重点を置く考え方もありましたが、現在は安定稼働を目指して障害を未然に防ぐという考え方が主流になりつつあります（図9-1）。システム障害の発生によるビジネスへのインパクトが大きい携帯電話のシステムや大規模なWebサービスなどを思い浮かべてください。前者はサービスが停止すると多くの産業や個人の活動に影響が出ます。後者は申し込みや注文受付ができないなど、ビジネス上の損害が甚大です。さらに、次のような背景があります。

- ハードウェア、ソフトウェアの技術進歩から単体での信頼性が向上している
- 一方でさまざまなハード、ソフトを組み合わせた複雑なシステム構成となっていることから障害が発生してから対処するようでは遅い

稼働後の管理

稼働後の管理は大きく2つあります（図9-2）。

- **運用管理**／システム運用担当者
    定型的な運用監視、性能管理、変更対応、障害対応などです。
- **システム保守**／システムエンジニア
    性能管理、レベルアップ・機能追加、バグ対応、障害対応などです。システム保守は継続することもあれば、一定の期間で終了することもあります。その見極めは障害発生の影響の度合いと安定稼働の実績です。

小規模なシステムや部門に閉じたシステムなどであれば、**稼働後に前者の運用管理のみに進むことが多い**です。

図9-1　安定稼働と障害対応に対する考え方

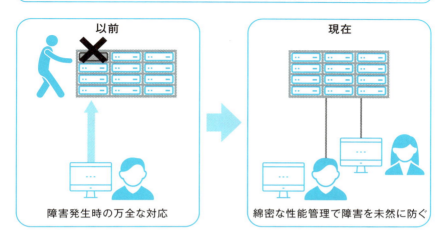

背景
- システム障害発生によるビジネスへのインパクトが大きくなっている
- ハードウェア、ソフトウェアの単体の信頼性が向上
- システム構成の複雑化により、障害が発生してからでは対応が遅い

図9-2　稼働後の管理の概要

	2つの管理	内　容	備　考
稼働後の管理	①運用管理 （システム運用担当者）	●運用監視・性能管理 ●変更対応・障害対応	定型的、マニュアル化できている運用など
	②システム保守 （システムエンジニア）	●性能管理・レベルアップ、機能追加 ●バグ対応・障害対応	主に非定型、マニュアル化ができていない運用など

- 大規模システムや障害発生時の影響度合いが大きいシステムでの管理の例
- 小規模システムや部門内の閉じたシステムであれば運用管理のみとなることが多い
- ①と②の両方を含んで運用管理という場合もある

Point

- システムの稼働後は安定稼働を目的とした管理に入る、サーバーはその中の一部に位置づけられる
- 現在は障害を未然に防ぐという考え方が主流となりつつある
- 稼働後の管理には大きく運用管理とシステム保守の2つがある

9-2 影響分析、影響範囲、影響度、CFIA

障害の影響

障害の影響範囲

　システムの運用管理や保守は稼働前にどのような形で進めるかをあらかじめ検討しておきます。

　その際に基準となるのはシステムに障害が発生したときの影響の度合いを想定することです。影響分析と呼ばれることもあります。

　一般的には影響範囲と影響度で検討します。

　影響範囲は、対顧客や社外にまで及ぶ影響、自社全体、ある事業所全体、事業所の中の部門、特定の組織やユーザーなどのように分けます（図9-3）。

　例えば、携帯電話の通信システムに障害が発生すると、携帯を利用している顧客と自社の復旧作業、顧客対応など、大変なことになります。金融機関のATMや交通機関の改札や発券機なども同様です。

　一方、部門で使っている請求書の発行システムなどが停止する場合には、影響は部門や特定の組織などにとどまります。

障害の影響度

　影響度は影響の大きさを数値化します。

　最大（最悪）、大、中、小の四段階、簡略化した三段階、あるいはさらに細かく定義した五段階などに分けます。影響範囲と影響度を合わせて検討する考え方が図9-4のような例です。

　企業や団体で稼働しているシステムの障害が与える影響は異なります。**影響範囲が大きく影響度も比較的大きいシステムでは安定稼働に向けて万全を期す必要があることから、前節で挙げた2つの管理の両者が必須です。**

　逆に影響範囲・影響度が小さいシステムであれば、前節の運用管理のみとなります。このように関係者で認識できるように整理することが重要です。

　なお、障害の影響分析を詳細にわたって洗い出して定義する手法として、Component Failure Impact Analysis（CFIA）があります。

図9-3	影響範囲の概要

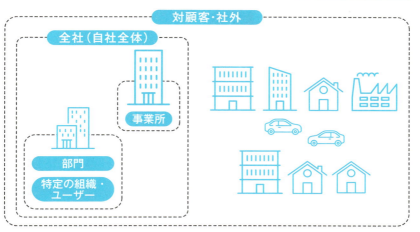

- 影響範囲は、対顧客・社外、全社、事業所、部門、特定の組織・ユーザーに分かれる
- 図を見ると、システムによってはかなりの影響範囲があることがわかる
- 一般的に社会の基盤となっているシステムは障害が発生すると影響範囲が大きい

図9-4	影響範囲と影響度の考え方の例

重要度＝影響範囲＋影響度			影響度			
			最大	大	中	小
			4	3	2	1
影響範囲	対顧客・社外	5	9	8	7	6
	全社	4	8	7	6	5
	事業所	3	7	6	5	4
	部門	2	6	5	4	3
	特定の組織・ユーザー	1	5	4	3	2

- 影響範囲と影響度から、対象のシステムの運用管理やシステム保守が見えてくる
- □で囲んだ範囲は重要度が大きいので、障害が発生しないように万全の対応を期したい

Point

- 障害が与える影響の範囲と影響の度合いを検討することで、稼働後の管理が見えてくる
- 影響範囲、影響度がともに大きいシステムであれば万一に備えた万全の管理が必須となる

運用管理の基本

システムの運用管理

　システムの運用管理といえば、運用監視とシステムを安定稼働させるための管理や障害が発生した際の復旧などがあります。
　運用監視に関しては **6-2** で運用監視サーバーを解説しました。
　大企業やデータセンターなどでは運用管理専用の部屋があり、多数の専用のシステムのモニターが並べられています。それらのモニターには各システムの運用の状況、障害の発生状況などが表示されています（図9-5）。そのような意味では運用監視システムとサーバーは**サーバーの頂点**ということもできます。

運用管理者の業務

　システムだけに特化して解説すると前項のような状況ですが、運用管理には専任の人材が必要です。Webのサービスを提供している企業、大手企業、デンターセンターなどでは24時間体制で専門的なスキルを有している人材が運用管理に携わっています（図9-6）。このような状況を軽減するためにクラウド化が進みつつあるという実態もあります。
　システムを安定稼働させるためには、システムの性能管理、保守や追加・変更が必要です。住宅の設備のチェック、修理、入れ替えなどをするのと同様です。
　システム障害の発生に対しては、企業や団体で地震や火災などを想定した避難訓練を行っていますが、運用管理者は「障害訓練」などを定期的に実施して万が一の際にも短時間で復旧ができるように努めています。
　システムやサーバーといえば、設計や開発、ユーザー視点での利用や性能などに目がいきがちですが、実は運用管理が一番大変な仕事です。なぜなら、システムの稼働に合わせて**24時間管理する**必要もあり得るからです。
　システムやサーバーのユーザーは運用管理に携わっている方に敬意を表してほしいと思っています。

| 図9-5 | 運用管理システムの例 |

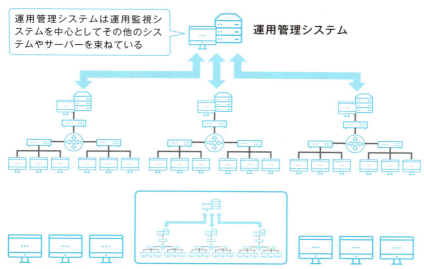

運用管理システムは運用監視システムを中心としてその他のシステムやサーバーを束ねている

大企業、データセンター、Webサービスの企業などの運用管理専用の部屋には多数のモニターが並び、壮観

| 図9-6 | 運用管理者の主要な業務 |

- 運用管理者は24時間体制でシステムの安定稼働のために役割を果たしている
- 時には災害訓練のような障害訓練も行う
- システムのユーザーは運用管理者に敬意を表すべし

Point

- システムの運用管理には主に運用監視とシステムを安定稼働させるための活動がある
- 多数のシステムを有している企業や団体では24時間体制で運用管理が行われている

9-4 ITIL

運用管理のお手本

ITILとは？

　ITIL（アイティル）は、Information Technology Infrastructure Libraryの略称です。1980年代後半に英国の政府機関によって作成が始まったIT運用のガイドラインで、書籍の形態でまとめられています。企業や団体におけるシステムの**運用管理のお手本や基準**となっています。

　ITILの考え方は企業や団体がビジネスや事業を営んでいる中で、さまざまなテクノロジーを活用している、それらは常に変化しているという前提で、どのようにITを運用していくかまとめられています。

　簡略化して説明すると、①ビジネスの要求に基づいてITサービスを適切に提供するサービスストラテジ、②必要なサービスとしくみを設計するサービスデザイン、③サービス実現のために確実な開発・変更リリースを行うサービストランジション、④測定・運用を行うサービスオペレーション、⑤変化への対応、改善計画立案からなる継続的サービス改善の5つの段階から構成されています（図9-7）。

ITILがもたらした視点

　図9-8では日本の企業や団体で一般的にシステム管理といわれている内容を簡単に示しています。

　ITILでは主に②・③に相当します。

　ITILの優れている点は、計画があって実施があるというだけではなく、継続的に運用を改善するPDCAを回すという考え方や、ビジネスとITサービスのビジョンの整合性、現段階の達成度の評価、サービスレベル目標などを明示してくれたことにあります。

　ITILは領域が広くすべてを適用するのは難しいことですが、導入可能な考え方や一部の活動はお手本として進めてほしいところです。

　多くの企業や団体でITILの導入、一部導入、研究ならびに学習が現在進行形で進められつつあります。

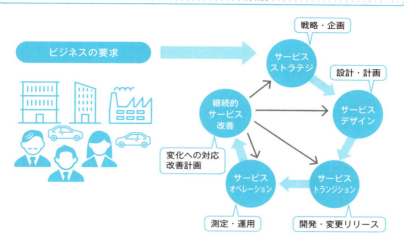

図9-7　ITILの5つの段階

図9-8　ITILが日本企業に与えたインパクト

運用管理の基本
- 運用監視
- 安定稼働のための管理
- 障害対策ならびに復旧

ITILがもたらした新たな視点
- 計画に基づく実施
- 継続的運用改善（PDCA）
- 現在の位置と達成度の評価
- サービスレベル目標

ITILは日本の企業や団体のシステム運用管理者に
これまでにない視点で大きなインパクトを与えた

Point

- ITILは英国の政府機関が作成しているIT運用のガイドラインで、システムの運用管理のお手本となっている
- 現在の日本企業では現在進行形でITILの導入が進められつつある
- 日常的な運用業務があることから、導入はまだ一部の団体や企業に限定されている

9-5 性能管理、パフォーマンス

» サーバーの性能管理

サーバーの性能管理

　システム運用管理の日常的かつ典型的な仕事のひとつとして、安定稼働に欠かせない**性能の管理**があります。

　システム管理者はシステムの**パフォーマンス**を監視して、臨機応変にCPUなどのリソースの割り当てを変更して対応します。

　例えば、ユーザーから「システムのレスポンスがよくないので対応してほしい」「特定のシステムの処理に時間がかかっていて仕事にならない」などと連絡を受けます。ユーザーをお客様、運用管理者をサービス提供する企業にたとえるとクレームともいえるでしょう（図9-9）。

　業務システムなどでは、特にデータの入出力が増える月末などにこのような現象が発生することがあります。

　運用管理者はシステムの利用状況を調査して、ユーザーが通常通りの性能で利用できるように対応します。

　このようなケースでは、Windows Serverであればタスクマネージャーの「パフォーマンス」でサーバーのCPUの使用率を確認します。

　そこで特定のCPUコアなどで負荷が高い状況であれば、「詳細」でプロセスの優先度を変更して対処します（図9-10）。

CPUだけではない

　CPUで解決すればいいのですが、CPUの使用状況には特に何も問題がない場合もあります。

　その場合には、次に**メモリ、ディスクのように順を追って確認していきます**。

　システムの規模が大きくなっても手順は同様です。小・中規模のPCサーバーであれば1台のサーバーの筐体にCPU、メモリ、ディスクが入っているのでスムーズな確認が可能です。システムが大きいと筐体が別になることもあるので、専用のソフトウェアからの確認を要することもあります。データ更新が多い時期などではディスクに問題があることもあります。

図9-9　性能管理は運用管理者の典型的な仕事のひとつ

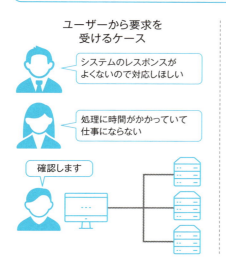
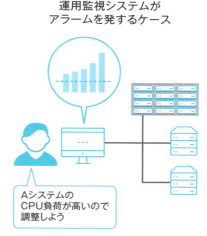

図9-10　プロセスの優先度を変更する例

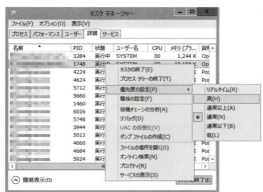

- Windows Server（左の画面）では優先度を上げたい処理を「高（H）」にして、下げたい処理は「通常（N）」や「低（L）」などにする
- Linuxで実行中のプログラム（ID：11675）の優先度をデフォルトの「0」からやや低い「10」に設定するなら、「$sudo renice -n 10 -p 11675」というコマンドを入力する

※reniceで現在設定の優先度から下げる場合は管理者権限なしで実行できる。プログラム実行の優先度（nice）は、-20（優先度高）～19（低）で示される

Point

- 日常的なシステム運用管理の仕事の例としてシステムの性能管理がある
- CPU、メモリ、ディスクなどの順で使用率などを確認して対応する

9-6　ソフトウェアの更新

機能追加、バグ修正、WSUS

ソフトウェア更新の2つの側面

システムを運用していくと、ソフトウェアの更新が必要になります。ソフトウェアの更新は、次のように大きく2つの側面があります（図9-11）。

性能向上
- システムの機能追加
- バージョンアップ

正常な運用に向けて
- システムのバグの修正
- OSなどの必須ソフトウェアのアップデート

いずれにしても、開発環境や開発を終えてシステム運用のために保有しておく検証環境などで、更新作業のテストをしたうえでサーバーやクライアントのソフトウェアを更新します。

特にセキュリティ関連のソフトウェアなどは、**緊急の修正やアップデートがよくあります**。言葉のおおまかな重みを整理すると、修正＜アップデート＜バージョンアップになります。

Windowsの場合

家庭でのWindowsのPCでは適宜Windows Updateで更新プログラムがダウンロードされ、適用されているでしょう。

企業や団体のクラサバ環境では、Windows Serverであれば、Windows Server Update Service（**WSUS**：ダブルサス）でマイクロソフトから提供されるWindowsの更新プログラムを配布します（図9-12）。

各クライアントがWindows Updateを実行するとネットワークの負荷が大きくなるのでそれを避けたいということもありますが、システム管理上、**どのクライアントが更新を実施しているか、していないかを確認する必要があります**。

図9-11　ソフトウェア更新の2つの側面

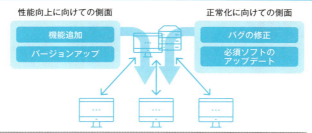

関連用語：Patch（パッチ）
OSやアプリケーションソフトなどのプログラムを部分的に修正することや
その修正を行うプログラムやデータをいう。アップデートと呼ばれることもある。

図9-12　Windows Server Update Serviceの概要

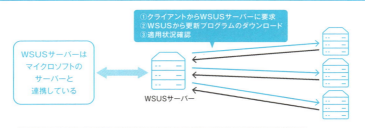

関連用語：PTF（Program Temporary Fix：一括修正）
ソフトウェアの不具合などを一括して修正するプログラムやデータをいう。
機能の追加や複数の障害を修正するプログラムまとめて提供する。

関連用語：PUF（Program Urgent Fix：緊急修正）
修正プログラムの提供まで待つことができないような
緊急度の高い障害修正が発生したときに提供する修正プログラムやデータをいう。
仮処置として提供する修正プログラムやデータをPEF（Program Emergency Fix）
応急修正と呼んで分けることもある。

Point

- ソフトウェアの更新は全体的な性能向上に向けての機能追加と、正常な運用に向けてのバグの修正などがある
- Windows ServerではWSUSでWindowsの更新プログラムを配布する

9-7 障害、コマンド

障害対応

性能低下と障害の違い

ユーザーが多数のシステムなどでは、繁忙時期やデータの入出力が大量にある時期などでは性能が低下することがあります。このときの対応については **9-5** で解説しました。

障害はシステムが停止する、デスクトップPCからサーバーが見えないなど、**正常に機能しない**ことを指します。大規模災害に起因するときは仕方がありませんが、システムでの問題と想定されるときは、直ちに原因を究明して復旧するのみです。

基本的な手順

現実にあり得る例として、複数のデスクトップPCからサーバーが見えないが他の機能は正常に動作している場合、ネットワークかサーバーに問題があります。サーバーを確認するのは性能管理のときと同様で、CPU、メモリ、ディスクの順に見ていきます。

ネットワークに接続できているかを確認するのには、専用の管理ツールで見るか、次の**コマンド**などを使うことが多いです。Windowsであればコマンドプロンプトなどで入力します。

- **ping**（Windows、Linuxともに同じ）（図9-13・図9-14）
  特定のIPアドレスに対して接続を確認できるコマンドです。
- **ipconfig**（Windowsではipconfig、Linuxではifconfigまたはipコマンド）
  IPアドレスなどの設定情報を表示します。
- **tracert**（Windowsではtracert、Linuxではtraceroute）
  どのような経路で対象のIPアドレスに到達するか確認できます。
- **arp**（Windows、Linuxともに同じ）
  同じネットワークにいるコンピュータのMACアドレスを確認できます。あらためて **3-4〜3-6** を参照してください。

図9-13　Windowsでのpingコマンドの表示例

```
C:¥>ping 10.20.121.32

10.20.121.32 に ping を送信しています 32 バイトのデータ:
10.20.121.32 からの応答: バイト数 =32 時間 =14ms TTL=56
10.20.121.32 からの応答: バイト数 =32 時間 =14ms TTL=56
10.20.121.32 からの応答: バイト数 =32 時間 =15ms TTL=56
10.20.121.32 からの応答: バイト数 =32 時間 =15ms TTL=56

10.20.121.32 の ping 統計:
    パケット数: 送信 = 4、受信 = 4、損失 = 0（0%の損失）、
ラウンド トリップの概算時間（ミリ秒）:
    最小 = 14ms、最大 = 15ms、平均 = 14ms
```

図9-14　Linuxでのpingコマンドの表示例

```
$ ping m01.darkstar.org

PING m01.darkstar.org (10.20.121.32) 56(84) bytes of data.
64 bytes from m01.darkstar.org (10.20.121.32): icmp_seq=1 ttl=64 time=0.184 ms
64 bytes from m01.darkstar.org (10.20.121.32): icmp_seq=2 ttl=64 time=0.160 ms
64 bytes from m01.darkstar.org (10.20.121.32): icmp_seq=3 ttl=64 time=0.231 ms
64 bytes from m01.darkstar.org (10.20.121.32): icmp_seq=4 ttl=64 time=0.205 ms
^C
--- m01.darkstar.org ping statistics ---
4 packets transmitted, 4 received, 0% packet loss,
time 3000ms rtt min/avg/max/mdev = 0.160/0.195/0.231/0.026 ms
```

※1行目にコマンドを入力してEnterキーを押している例。表示の内容はほぼ同じで、Windowsは日本語化してくれている。

Point

- 障害と性能低下は異なる現象で、障害はシステムが停止、サーバーが見えないなどの正常に機能しないことを意味する
- ネットワーク接続に関してはコマンドを使って確認することもあるが、代表的なものとして、ping、ipconfig、tracert、arpなどが挙げられる

9-8 システムエンジニア、カスタマーエンジニア

システム保守とハードウェア保守の違い

サーバーの保守

　システムの保守はシステム全体の安定稼働のために、**システムエンジニア**（SE）が稼働後のシステムに対してレベルアップや機能追加などを行います。

　サーバーなどのハードウェアの保守はメーカーや販売会社の**カスタマーエンジニア**（SEに対してCEと呼ばれることがある）が定期的な保守や修理などを行います。

　カスタマーエンジニアの仕事は情報システム部門の方でないと間近に見ることはないかもしれません。車の点検や複合機の定期メンテナンスを想像するとわかりやすいかもしれません。同じようなことがサーバーやネットワーク機器などでも行われています（図9-15）。

　カスタマーエンジニアは安定稼働や障害対応には欠かせない存在です。

システム稼働前と稼働後の人材

　システムと一言で表現すると、構築後は動作しているのが当たり前と思われるかもしれません。

　しかしながら、小規模なシステムであってもさまざまな人材が携わっています。登場人物は、ユーザー、情報システム部門、SE、システム運用管理者、CEなどです。SEとシステム運用管理者は情報システム部門が保有していればその中で、そうでない場合はパートナー企業と連携することになります。大規模システムとなると、システムを開発するSEだけでも1,000人をはるかに上回る人数になることもあります（図9-16）。

　ソフトウェア製品の保守に関しては、メーカーや販売会社からのさまざまな情報を受けて、システム運用管理者やSEが更新作業を実行するのが一般的です。

　なお、SEやCEに対して、システム運用管理者の英語略称はSM（Systems Operation Management Engineer）やITSM（Information Technology Service Manager）など諸説あります。

| 図9-15 | サーバーの点検や保守はカスタマーエンジニアの仕事 |

自動車や複合機に対してサーバーの設置場所の都合上、カスタマーエンジニアの仕事を間近に見る人は少ないかもしれない

| 図9-16 | システム稼働前と稼働後の人材の違い |

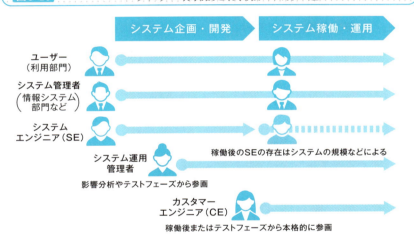

- システムの稼働前後で関係者の顔ぶれが変わる。人数はシステム規模に応じて多くなる
- システム企画にITコンサルタント、稼働前のサーバー設置などの各種工事に電気や建築関連の人材が入ることもある
- サーバーを操作する人材：システムエンジニア、システム運用管理者、カスタマーエンジニア

Point

- サーバーの物理的な点検や保守はカスタマーエンジニア（CE）が行っている
- システムの規模の大小にかかわらず、さまざまな人材が安定稼働を支えている

9-9 SLA

サービスレベルの体系

SLAとは？

　システムを利用するユーザーを顧客と捉えて、品質の高いサービスを提供すべきという考え方があります。**SLA**（Service Level Agreement）と呼ばれており、日本国内ではサービスレベルを規定した契約書という狭義の意味と、**サービスのレベルを体系的に示す**活動という広義の意味の2つで使われています。

　SLAは現在の日本企業や団体のシステム運用において半数程度が導入済みもしくは努力目標として意識しているといわれています。

SLAの主要な指標

次の2つが主要な指標として使われています。

- **可用性、システムの稼働時間**

　システムを止めてはならないという原則の下での考え方です。例えば、99％の稼働率を保証するのであれば、24時間・365日稼働の8,760時間に対して、止めていいのは約88時間で3日半程度となります。99.9％だとわずか9時間ですから、かなり難易度の高い目標数値です。なお、99.99％を目指している事業者もいます（図9-17）。

- **復旧時間**

　MTTR（Mean Time To Repair：平均復旧時間）などとも呼ばれます。システムに故障が生じてから一定時間以内の復旧を目指します。例えば、1時間以内に復旧させるなどです。MTTRの場合は毎回1時間以内に収めるというよりは、複数回における故障からの復旧時間の平均が1時間以内ならOKという考え方です。復旧を確実に早く行うために、過去の障害の問題管理（インシデント管理）や原因究明、ベンダーを含めた体制、復旧手順の可視化、活動全体のPDCAなど、普段からの活動が欠かせません（図9-18）。

> 図9-17　　　　　　　　　システムの可用性

24時間　　× 365日 ＝ 8,760時間
8,760時間 × 0.99　 ＝ 8,672時間　＜停止許容時間は88時間（約3日と半日）＞
8,760時間 × 0.999 ＝ 8,752時間　＜停止許容時間は約9時間＞

99.99%である0.9999（フォーナイン）だと、停止許容時間は1時間を割ってしまう！

$$\text{MTTR（平均復旧時間）} = \frac{\text{復旧時間合計}}{\text{復旧回数}}$$

> 図9-18　　　　　　　　　障害の復旧に向けて

実際のところ短時間で復旧するのは難しい
- インシデント管理と原因究明
- ベンダーを含めた体制
- 復旧手順の可視化
- 活動全体のPDCA

などで目標の達成を目指して取り組んでいる

関連用語：MTBF（Mean Time Between Failures：平均故障間隔）
例えば、最初に1,000時間稼働して故障、
次に2,000時間で故障、続いて3,000時間で故障であれば
平均の2,000時間がMTBFになる。
数値が大きいほど信頼性が高いシステムといえる。

Point

- SLAはシステム運用のサービスレベルを表す言葉として使われている
- SLAの指標として可用性と復旧時間が挙げられる

やってみよう

システム情報を収集する

　システム管理の対象が、ユーザーのWindowsのPCや接続可能なサーバーなど、いずれの場合であっても基本的な情報を収集することが必須です。
　そんなことを簡単にやってくれるコマンドを紹介しておきます。
　コマンド入力画面を開いて「systeminfo」と入力します。
　systeminfoでは、コンピュータ名、OS、CPU、メモリ容量、更新情報、ネットワークカードなどの基本情報が表示されます。

systeminfoコマンドの表示例

　なお、systeminfoの後ろに、/sや/uオプションで、それぞれ必要な指定をするとサーバーの情報を見ることもできます。
　例えばサーバーのホスト名がserver001でユーザー名がuser9999なら、
>systeminfo /s server001 /u user9999のように入力します。

第10章 事例とこれから
~経営に貢献するITと近未来のサーバー~

10-1 クラウド化

企業にサーバーはどれだけあるのか？ケーススタディ①

ある大手企業のサーバーとシステム

　ここまでサーバーやシステムに関しての基本的な知識や動向を解説してきました。ここで実際のサーバーの導入事例を見ておきます。

　ある製造業の大手企業グループのシステムやサーバーの用途や数量の一覧を参考として見てみます（図10-1）。

企業情報
- グループでの年商　　　　　……　1,000億円
- グループ従業員数　　　　　……　5,000人

システムとサーバー
- 各種業務システム　　　　　……　200システム　すべてクラウド
- ERP　　　　　　　　　　　……　1システム　オンプレミス
  　　　　　　　　　　　　　　　　（サーバー数台）
- メールとインターネット　　……　クラウド
- 部門や部署のファイルサーバー
  ならびにプリントサーバー　……　クラウド、オンプレミス混在
  　　　　（部門・部署の数に相当、クラウド化を進めている）

クラウド化の狙いと背景

　この企業は**クラウド化**に積極的に取り組んでいます。現時点ではファイルサーバーとプリントサーバーはクラウドとオンプレミスが混在していますが、できるものから徐々にクラウド化しています。

　狙いは運用や保守にかける工数を減らして、システムの企画に注力したいことや背景に人材育成や人手不足の課題があることが挙げられます。

　デジタル・トランスフォーメーションと呼ばれるように、各企業や団体で競合優位性の確立を目指して先進的な取り組みが進められています。

　経営戦略の実現のために、**古いサーバーやシステムを「捨てる」あるいは「変える」という考え方も必要**であることを示している事例です。

| 図10-1 | システムとサーバーの概要 |

業務システム × 200
メールとインターネット（クラウド）

ERPシステム × 1
（オンプレミス、サーバー数台）

クラウド

アプリケーション
サーバー
（オンプレミス）

ファイルサーバー
（オンプレミス、部門・部署の数）

プリントサーバー
（オンプレミス、部門・部署の数）

グループでの年商　1,000億円　従業員数　5,000人の企業の例
※段階を経てクラウド化が進められている

Point

- ある大手企業の例ではシステムやサーバーのクラウド化を進めている
- 今の時代を表すかのように古いシステムを「捨てる」「変える」という発想が見える取り組み

10-2 オープン化

企業にサーバーはどれだけあるのか？ケーススタディ②

ある準大手企業のサーバーとシステム

ここでは別の企業の事例を紹介します。特定の商品の製造と流通を営んでいる準大手企業の例を見てみます（図10-2）。

企業情報
- 年商　　　　　　　　……　600億円
- 従業員数　　　　　　……　1,500人

システムとサーバー
- 基幹システム　　　　……　1システム　オフコン数台
- 生産系システム　　　……　4システム　オンプレミスPCサーバー
- 情報系システムならびにメールとインターネット
　　　　　　　　　　　……　5システム　オンプレミスPCサーバー
　　　　　　　　　　　　　　　　　　　オンプレミスPCサーバー計20台
- 部門や部署のファイルサーバー
　ならびにプリントサーバー　　……　オンプレミス
　　　　　　　　　　　　　　　　　　　（部門・部署の数に相当）

システムを長く使う理由

この企業は長年にわたって従来のシステムを活用しています。

生産系システムとも接続されている基幹の商流を扱うシステムの中には**オフコン**もあります。このように業務自体に大きな変更がなく、引き続きオフコンを利用している企業や団体もあります。システムに手を加えないで済むなら長期的な利用にコストメリットがあるからです。

次にシステムを更新する際にはWindowsやLinuxなどに置き換える予定なので、**オープン化**を検討しているといえます。

ここまで2社の実例を紹介しました。先進的にクラウド化を進める企業もあれば、できるだけ長くシステムを使う企業もあります。

図10-2　システムとサーバーの概要

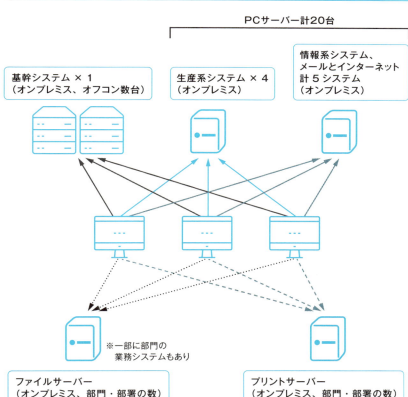

グループでの年商　600億円　従業員数　1,500人の企業の例
システムを長く使っているのがわかる

関連用語：オープン化

独自規格のOSから、UNIX系、Windows、Linuxなどのオープンなシステムに切り替えることをいう。メインフレームやオフコンなどで動いているシステムに対して使われる言葉。

Point

- ある準大手企業の例ではできるだけシステムを長く使おうとしている
- 少なくはなってきているがオフコンを利用している企業や団体もある

10-3 経営や事業に貢献するIT

効率化、生産性向上、戦略的活用、自動化・無人化、新しい体験

IT導入の目的

　ここまでサーバーを中心としたシステムや技術的な解説、動向などを解説してきました。
　企業や団体がシステムやサーバーを導入する目的は、経営や事業における目標を実現することにあります。
　大別すると次の3つになります（図10-3）。

- **効率化／コスト削減**
    現行の事業や業務の効率化やコスト削減を図るためにITを導入します（30人で行っている業務を20人でできるようにするなど）。
- **生産性向上／売上拡大**
    生産性の向上や売上を増加させるために導入します（2時間で100件を処理していたのを200件に増加させるなど）。
- **戦略的活用**
    ITの導入で競合優位性を確立することを目的として導入します。

　ここで挙げている3つの目的は企業や団体における「過去」のIT導入の目的となりつつあります。現在は変化する兆しが見えつつあります。

自動化・無人化、新しい体験

　効率化や生産性向上をさらに進めようとすると、自動化や無人化を目指すことになります。
　他社に先駆けて自動化・無人化を実現することで顧客に新しい価値を提供する、あるいは顧客に新たな体験をしてもらい、競合優位性の確立も図ります（図10-4）。
　企業間の競争激化、IT全体の技術革新などから、改善というレベル以上の変革が求められています。

図10-3　従来の3つの導入目的

目的	概要	例
効率化／コスト削減	生産量に対して労働量や時間を減らすことができる	30人で行っている業務→20人でできるように
生産性向上／売上拡大	労働量や時間はそのままなのに生産量を増やすことができる	2時間で100件を処理→2時間で200件に
戦略的活用	競合優位性の確立や顧客に対してのアイデンティティの確立を図る	競合に先駆けて新しいシステムを導入する

図10-4　自動化・無人化、新しい体験

自動化・無人化

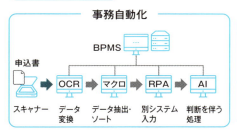

事務自動化

無人店舗

新しい体験

ロボットによる接客

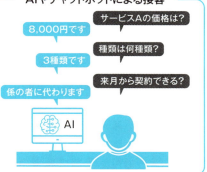

AIやチャットボットによる接客

Point

- 従来のITの導入は、効率化、生産性向上、戦略的活用の3つのどれかに集約されていた
- 今後は効率化や生産性向上をさらに進めて、自動化・無人化、さらに顧客の新しい体験を目指すなど、ITの果たす役割が一層重要となりつつある

10-4 仮想化、多様化

近未来のサーバーとシステム

現在のサーバーの動向から

　第2章では現在のサーバーの物理的な形状、規模と種類、クラウドも含めたさまざまな運用の形態について解説しました。物理的には小型化や集積化といった傾向があります。また、クラウドの活用は確実に進んでいます。

　第3章ではサーバーならびにネットワークなどの周辺を含めた技術の動向を解説しました。サーバーを含めた技術動向からは仮想化、分散化というキーワードを外すことはできないでしょう。

　第6章ではAI、IoT、RPA、ビッグデータなどの新しいサーバーならびにシステムを紹介しました。デジタル技術の導入は急速に進んでいますが、扱うデータは多様化しています。

　できるだけシステムやサーバーを長く使おうと考えると、近未来も見据えて考えていくことが重要です。前節の自動化・無人化などの観点も必須です。

将来に向けて

　さまざまなハードウェアの歴史から、小型化あるいは集積化は確実に進んでいます。また、**仮想化**のさらなる進化とともに、サーバーとネットワーク機器などが物理的に同居する可能性も高いです（図10-5）。確実に押さえておくべきは仮想化です。

　サーバー、デスクトップPC、ネットワークなどの仮想化が進んでいることは解説しました。これはいわゆるハードウェアやソフトウェアの仮想化です。一方でAIが人間の思考の一部をコンピュータ内で仮想的に実行する、RPAが人のコンピュータの操作の一部を仮想的に実行するなどのように、私たち人間の行動の仮想化も進んでいます。無人店舗などでは人の動作も含めて代行あるいは仮想化することも研究されています。それらを含めてデータも一層複雑になっています（図10-6）。

　近未来のサーバーやシステムを考える際に、小型化、仮想化、**データの多様化**、そしてクラウドは外せないキーワードです。

図10-5　サーバーと周辺を含めた技術動向

小型化・集積化

仮想化

データの多様化

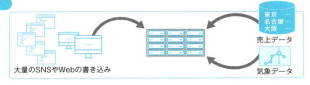

大量のSNSやWebの書き込み　　売上データ　　気象データ

図10-6　仮想化と多様化

進む仮想化の世界

AIは人間の思考の仮想化　　RPAは人間の操作の仮想化　　無人店舗は人間の行動を代行・仮想化

進む多様化の世界

IoTによるさまざまな
データの収集

業務データに加えて
さまざまなデータが
集められていく

人にもビーコンや
アクティブタグでIoT

家電も
無線でIoT

自動運転

Point

> 近未来のサーバーやシステムを考えるときに、小型化・集積化、仮想化、多様化、クラウドは外せないキーワードである

第10章　近未来のサーバーとシステム

やってみよう

次世代のサーバーについて考える

　これまでのサーバーやシステムのトレンドを踏まえて、次世代のサーバーとシステムを考えてみましょう。その前に1つヒントを差し上げます。

データの在りかとサーバー

　データの在りかとサーバーの変遷をたどると、スタンドアロンから始まり、クラサバ、クラウドのようにユーザーや端末から遠いところに進んできました。

　一方で最近ではエッジコンピューティングと呼ばれる、端末の近くにサーバーやデータを持ってくる考え方も注目されています。データの分析結果を得るのに、毎回インターネットを介しているようでは処理時間を要します。

　それでは次に来るデータ処理のシステムを予想してみました。

　あえて名前をつけるなら、クラウド・コンピューティング、エッジコンピューティングに対して「セルフ・コンピューティング」でしょうか。

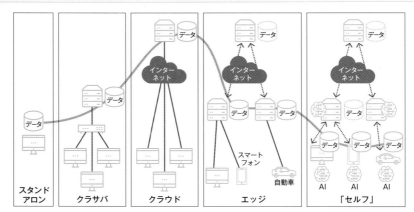

- 「セルフ」では端末側で完全に処理するのではなく、計算処理が求められていない空き時間やネットワークの負荷が軽いタイミングを見計らって、エッジサーバーやクラウドから必要なデータを取得する
- AIが自律的に連携しながら最適なデータの移動を実現する

あなたの考える次世代のサーバー

さて、このヒントは一例であるとして、トレンドを踏まえたうえで次世代のサーバーを考えてみましょう。

できるだけ具体的なアイデアがいいと思います。

本書の各章や節をもとに考えてみてください。

-
-
-
-
-

筆者が考えた次世代のサーバーは、次の通りです。

- セルフ・コンピューティングを想定して、自動車やスマートフォンなどのデバイス自体がサーバーの機能を備える（やってみようをもとに）
- サーバーやルータなどのネットワーク機器が同じ筐体に一体となり高速な処理を実現するサーバー、各種設定も容易（第3章のネットワーク仮想化から）
- ドローンにサーバー機能が加わって大規模イベントで新たな価値を実現する、空飛ぶサーバー（自由なアイデア）

サーバーは紛れもなくシステムの中核ですが、いったん頭の外に置いて考えると、必要な機能や役割が見えてきます。

もはや現在の形やしくみにこだわる必要はありません。

用語集

[・「➡」の後ろの数字は関連する本文の節
・「※」がついているものは、本文には登場していないが関連する用語]

サーバー (➡1-1)
システムにおいて、ハードウェアの中の中心的な役割であり、アプリケーションソフトを動作させる主役でもある。

クライアント (➡1-3)
サーバーに対して随時要求を上げてくるコンピュータやデバイス、またはアプリケーションやプロセスのこと。

クライアントPC (➡1-6)
デスクトップPC、ノートブックPC、タブレット、スマートフォンなど、さまざまな形態がある。

※イベントドリブン (➡1-3)
イベントの発生に従って処理が実行されること。

※サーバーサイド (➡1-4)
サーバー側で処理を実行したりデータを管理したりすること。複数のクライアントから入力されたデータをサーバーで一元管理するデータベース。プログラムはサーバー側で実行し、クライアントではHTMLの表示となるWebサービスなどが代表例。

※バッチ処理 (➡1-5)
大規模なデータ処理などを、ユーザーがシステムを利用している日中などの時間帯を避けて夜間や休日に行うこと。

※RASIS (➡2-1)
コンピュータシステムが安定した性能を発揮するための評価項目のこと。5つの要素で語られるときに使われる。信頼性（Reliability）、可用性（Availability）、保守性（Serviceability）、保全性（Integrity）、安全性（Security）の5つ。

RAS (➡2-1)
コンピュータシステムが安定した性能を発揮するための評価項目のこと。3つの要素で語られるときに使われる。

オープンソースソフトウェア (➡2-3)
一般的に理解することができるプログラミング言語で開発されたソフトウェアで、誰もが自由に利用することができる。修正や複製、配布なども可能。

オフコン (➡2-3)
オフィスコンピュータの略称。かつては会計や給与計算・販売管理などの事務処理などを専門に行うためによく使われていた。企業や団体に対して個別のアプリケーションを開発し、ハードウェアとソフトウェアを一括して納入することが多い。

冗長性・冗長化 (➡2-4)
システムに障害が発生したときを想定して予備の装置を配置しておくこと。Redundancyとも呼ばれる。冗長機構は、二重化などで予備の装置を備える、別の場所に同じデータを持てるようにするしくみなどの冗長性を具体化する装置やしくみをいう。

Windows Server (➡2-3)
マイクロソフトが提供するサーバーOS。

Linux (➡2-3)
オープンソースOSの代表格。商用OSとしてはRed Hatなどが提供。

UNIX系 (➡2-3)
サーバーのメーカー各社が提供する最も歴史あるサーバーOS。

タワー (➡2-5)
デスクトップPCと同様な直方体形状。PCを大きくしたような形状。

ラックマウント (➡2-5)
専用のラックに1台ずつ設置するタイプ。拡張性や耐障害性に優れている。ラック内で増やしていくことで拡張でき、専用のラックに守られているので耐障害性もある。

ブレード (➡2-5)
ラックマウントの派生形で主に大量にサーバーを利用するデータセンター向けのタイプ。

スーパーコンピュータ (➡2-5)
コンピュータの頂点。最高の性能を発揮するためにユニットだけでなく機能に応じて細分化されている。

PCサーバー (➡2-6)
PCと同じような構造でPCが大型化したようなサーバー。IA（Intel Architecture）サーバーともいう。Intelのx86（エックスはちろく）というCPUや互換のCPUを内蔵することから、x86サーバーと呼ばれることもある。

RISC (➡2-6)
Reduced Instruction Set Computerの略。命令を減らしてシンプルにして処理速度を上げるCPUアーキテクチャのひとつ。

LAN (➡2-8)
Local Area Networkの略で、TCP/IPと呼ばれるネットワークの共通言語（プロトコル）で通信を行う。

WAN (➡2-8)
Wide Area Networkの略。LANが同じ建物内などに限定されているネットワークであるのに対して、WANは離れた場所や広域におよぶネットワークをいう。

Bluetooth (➡2-8)
近距離無線通信の規格のひとつ。機能が搭載されている機器同士で接続設定をして利用する。

230

オンプレミス (→2-9)
自社にサーバーを設置すること。

データセンター (→2-9)
サーバーやネットワーク機器などのIT機器を集約して大量に設置し、効率的な運用ができるようにした施設の総称。

SaaS (→2-10)
Software as a Serviceの略で、ユーザーは必要なシステムに関して丸ごと提供を受けるタイプ。

IaaS (→2-10)
Infrastructure as a Serviceの略で、OS以外には何もインストールされていないサーバーを契約するタイプ。

PaaS (→2-10)
Platform as a Serviceの略で、IaaSとSaaSの中間にあたるもので、データベースなどのミドルウェアや開発環境などを含んでいる。

※プライベートクラウド (→2-11)
企業や団体が自社の中にクラウドコンピューティングの環境を有すること。主にイントラネット経由で自社のデータセンターに接続するが、リモート環境その他の理由からインターネット経由となる場合もある。

筐体(きょうたい) (→2-12)
ハードウェアの専用の外箱のこと。

メインフレーム (→2-12)
汎用機や汎用コンピュータとも呼ばれている大型のコンピュータで、商業統計上はサーバーの一部にもなっている。

ミドルウェア (→2-13)
OSとアプリケーションの間で、OSの拡張機能やアプリケーションに共通する機能を提供する役割。

DBMS (→2-13)
DataBase Management Systemの略で、データを保管する器として、データのやりとりから保管までを効率化する役割。

※排他制御 (→2-13)
データに対してある処理が実行されているときは、別の処理ができない制御。特にデータベースで使われる言葉で、テーブルやレコード単位で制御される。

性能見積り (→3-2)
導入前の要件からこれくらいのサーバーの性能が必要ではないかと仮定して数値で算出すること。

同時アクセス数(同時接続数) (→3-2)
あるタイミングでどれだけのユーザーからのアクセスが集中するかをいう。Webサービスやユーザー数の多い業務システムではサーバーの性能を見積もるうえで重要な数値。

サイジング (→3-2)
性能見積りを受けて、CPU、メモリ、ディスク、I/O性能などから、サーバーを選定すること。

超上流工程 (→3-3)
システム開発の工程において、システム設計以前のシステム化の方向性、システム化計画、要件定義する工程をいう。

IPアドレス (→3-4)
ネットワークで通信相手を識別するための番号で、0から255までの数字を点で4つに区切って表記される。

MACアドレス (→3-4)
自身のネットワーク内での機器を特定するための番号で、2桁の英数字6つを5つのコロンやハイフンでつないでいる。

TCP/IP (→3-5)
インターネットやコンピュータのネットワークで標準的に利用されているプロトコル（通信手順）。

ルータ (→3-6)
異なるネットワークを中継するネットワーク専用の装置。

仮想サーバー (→3-7)
物理的に1台のサーバーの中に、複数のサーバーの機能を論理的に持たせること。

VDI (→3-7)
Virtual Desktop Infrastructureの略で、クライアントPCの仮想化のこと。

シンクライアント (→3-8)
ハードディスクなどを搭載しない限定された性能を発揮するPCのこと。

ファブリック・ネットワーク (→3-9)
複数のネットワーク機器を1台の機器のようにすることで、従来は1対1でルーティングしていたのをマルチ対応でルーティングする。

アプライアンスサーバー (→3-10)
特定の機能のためにセットされているサーバーで、ハードウェア、OSに加えて必要なソフトウェアがインストールされている。

仮想アプライアンスサーバー (→3-10)
仮想化ソフトでラッピングした仮想アプライアンスがインストールされたサーバーのこと。

RAID (→3-11)
Redundant Array of Independent Disksの略で、物理的に多数並んでいるディスクを仮想的に1つに見立てて適切な位置にデータを書き込む。

SAS (→3-11)
Serial Attached SCSIの略で、2つのポートがある。CPUと2つの道があるので性能・信頼性が高くなる。

FC (→3-11)
Fiber Channelの略で、SAS、SATAとは別格の構造でメインフレームなどで使われる。光ファイバーなどを使用していて高価ではあるが高速転送が可能。

ファイルサーバー (→4-2)
サーバーの中でも最も身近なサーバーで、サーバーと配下のコンピュータとの間でファイルの作成、共有、更新などをすることができる。

プリントサーバー (→4-3)
サーバーと配下のコンピュータでプリンターを共有するサーバー。

NTPサーバー (→4-4)
Network Time Protocolの略で、サーバーと配下のコンピュータを含めたネットワーク内で時刻を同期するためのサーバー。

資産管理サーバー (→4-5)
サーバーとクライアントの双方に専用のソフトウェアをインストールして、PCが動いている・いない、アプリケーションソフトを使っている・使っていない、などを可視化するサーバー。

DHCP (→4-6)
Dynamic Host Configuration Protocolの略で、ネットワークに新たなコンピュータを接続する際にIPアドレスを付与する役割を担う。

SIPサーバー (→4-7)
Session Initiative Protocolの略で、IP電話を制御するサーバーとしてIP電話を利用している企業や団体に導入されている。

VoIP (→4-7)
Voice over Internet Protocolの略で、インターネット上で音声データを制御する技術。

SSOサーバー (→4-8)
Single Sign Onの略で、1システムへの入力で複数システムに入ることができる機能を担う。

リバースプロキシ (→4-8)
ユーザーと各システムの間に入って、ユーザーログインを代行する。

エージェント (→4-8)
各システムのサーバーとSSOが緊密に連携して、ユーザーが簡単にログインできるようにする。

アプリケーションサーバー (→4-9)
ユーザー数が多くてデータの入出頻度が高いシステムなどで、負荷分散のためにユーザーの操作画面や処理に特化したサーバーとして導入される。

ERP (→4-10)
Enterprise Resource Planningの略で、生産、経理、物流などのさまざまな業務を統合するシステム。基幹系のシステムとして主に製造業、流通業、エネルギー企業などで導入されている。

IoT (→4-11)
Internet of Thingsの略で、インターネットでさまざまなモノがつながってデータのやりとりが行われることを指す。

Linuxディストリビューター (→4-12)
Linuxが企業・団体・個人で利用できるように、OSと必要なアプリケーションソフトを合わせて提供してくれている企業や団体をいう。有償のRed Hat Enterprise Linux（RHEL）、SUSE Linux Enterprise Server（SUSE）、無償のDebian、Ubuntu、CentOSなどが代表的。

SMTPサーバー (→5-2)
Simple Mail Transfer Protocolの略で、メールを送信するサーバー。受信の窓口にもなっている。

POP3サーバー (→5-3)
Post Office Protocol Version 3の略で、メールを受信するサーバー。クライアントが受信できるようにしている。

Webサーバー (→5-4)
WebサイトのコンテンツをWebブラウザに提供する。

HTTP (→5-4)
HyperText Tranfer Protocolの略で、インターネット上でのデータ転送をするためのプロトコル。

DNS (→5-5)
Domain Name Systemの略で、ドメイン名とIPアドレスを紐づけてくれる機能を提供する。

SSL (→5-6)
Secure Sockets Layerの略で、インターネット上での通信の暗号化を行うプロトコル。インターネット上で通信を暗号化して、悪意のある第三者からの盗聴や改ざんなどを防ぐことを目的としている。公開鍵ならびに共通鍵暗号方式を組み合わせている。

共通鍵暗号方式 (→5-6)
暗号化する際の鍵と復号する際の鍵が同一である暗号化方式。比較的処理が高速になる特長がある。

公開鍵暗号方式 (→5-6)
公開鍵、秘密鍵の2つを使用する暗号方式で、どちらかの鍵で暗号化したデータは別の鍵を使って復号する。

FTP (→5-7)
File Transfer Protocolの略で、外部とファイルを共有する、インターネット上でWebサーバーにファイルをアップロードするためのプロトコル。

IMAPサーバー (→5-8)
Internet Messaging Access Protocolの略で、外部から電子メールを参照する機能を提供する。

Proxyサーバー (→5-9)
内部ネットワークとインターネット間でのアクセスの中継を担当し、クライアントのインターネット通信の代行をする。

運用監視サーバー (→6-2)
システムが正常に動作しているか監視するサーバーで、リソース監視とヘルスチェックの2つの役割がある。

RPA (→6-4)
Robotic Process Automationの略で、自分以外のソフトウェアを対象として定義された処理を自動的に実行するツール。

BPMS (→6-5)
Business Process Management Systemの略で、業務プロセスを分析して改善するステップを繰り返して、業務改善に継続的に取り組んでいく概念。

Hadoop (→6-8)
オープンソースのミドルウェアで、大量かつ膨大なデータを高速に処理する技術。

情報セキュリティポリシー (→7-3)
企業や団体などの組織における情報セキュリティへの対策と方針、行動指針などをまとめたもの。

ファイヤーウォール (→7-4)
企業や団体の内部のネットワークとインターネッ

トとの境界で通信の状態を管理してセキュリティを守るしくみの総称。

DMZ (→7-5)
DeMilitarized Zoneの略で、ファイヤーウォールと内部ネットワークの間に緩衝地帯を設けて内部ネットワークへの侵入を防ぐ考え方。

ディレクトリサーバー (→7-6)
ユーザーの認証からアクセスの実施までがセキュリティポリシーに従って行われているかを管理するサーバー。

フォルトトレランスシステム (→7-8)
障害が発生しても稼働し続けるシステム。

二重化 (→7-8)
本番系と待機系のように、利用しているアクティブな状態の機器と何かあったときのためにスタンバイしている機器をあらかじめ用意しておいて、万が一の際には待機系に切り替えるという考え方。

負荷分散 (→7-8)
複数のハードウェアを用意しておいて、負荷に応じて分散させる考え方。

ホットスタンバイ (→7-9)
本番系・待機系を準備してシステムの信頼性を向上させる方法。本番系のデータを常時待機系にコピーしており、障害発生時にはすぐに切り替わる。

コールドスタンバイ (→7-9)
本番系・待機系を準備してシステムの信頼性を向上させる方法。本番系に障害が発生してから待機系を起動するため、交代に時間がかかる。

クラスタリング (→7-9)
複数のサーバーを1つのサーバーに見せる技術。

ロードバランシング (→7-9)
負荷分散ともいわれ、文字通り複数台のサーバーで作業負荷を分散させて処理性能と効率を高める手法。

チーミング (→7-10)
サーバーの出入口となるネットワークカード（Network Interface Card：NIC）に障害が発生して通信できなくなるのを防ぐための技術。

フルバックアップ (→7-11)
すべてのデータを定期的にバックアップすること。

差分バックアップ (→7-11)
フルバックアップとの差分データをバックアップすること。

UPS (→7-12)
Uninterruptible Power Supplyの略で、急な停電や電圧の急激な変化からサーバーやネットワーク機器などを守る機器。

スケールアウト (→8-1)
システムの処理能力を向上させるためにサーバーの台数を増やすこと。

スケールアップ (→8-1)
CPUなどのユニットの性能を上げて処理能力を高めること。

デジタル・トランスフォーメーション (→8-2)
デジタル技術を活用してビジネスを変革すること。

ITポリシー (→8-8)
企業や団体での情報技術やシステムの活用について総合的にまとめられている規程。

アドミニストレータ (→8-9)
システムならびにサーバーを導入したときの管理者。

ウォーターフォール (→8-11)
滝が流れるように、要件定義、概要設計、詳細設計、開発・製造、結合テスト、システムテスト、運用テストの各工程に開発を進める手法。

アジャイル (→8-11)
アプリケーションやプログラム単位で、要求・開発・テスト・リリースを繰り返していく開発手法。

CFIA (→9-2)
Component Failure Impact Analysisの略で、障害の影響分析を詳細にわたって洗い出して定義する手法。

ITIL（アイティル） (→9-4)
Information Technology Infrastructure Library の略で、1980年代後半に英国の政府機関によって作成が始まったIT運用のガイドラインで、企業や団体のシステムの運用管理のお手本や基準となっている。

WSUS（ダブルサス）サーバー (→9-6)
Windows Server Update Serviceの略で、マイクロソフトがWindowsの更新プログラムを配布するサーバー。

pingコマンド (→9-7)
特定のIPアドレスに対して接続を確認できるコマンド。

ipconfigコマンド (→9-7)
WindowsでIPアドレスなどの設定情報を表示するコマンド。

カスタマーエンジニア (→9-8)
サーバーなどのハードウェアの保守をする人。

SLA (→9-9)
Service Level Agreementの略で、日本国内ではサービスレベルを規定した契約書という狭義の意味と、サービスのレベルを体系的に示す活動の広義の意味の2つで使われている。

MTTR (→9-9)
Mean Time To Repairの略で、平均復旧時間のこと。

MTBF (→9-9)
Mean Time Between Failuresの略で、平均故障間隔のこと。

オープン化 (→10-2)
独自規格のOSから、UNIX系、Windows、Linuxなどのオープンなシステムに切り替えることをいう。メインフレームやオフコンなどで動いているシステムに対して使われる。

233

索引

【 アルファベット 】

AI	22, 142, 148, 174
arp	212
Bluetooth	48
BPMS	140
CFIA	202
CPUアーキテクチャ	44
DBMS	58
DHCP	96
DMZ	158
DNS	112, 120, 130
ERP	104
FC	82
FTP	112, 124
Hadoop	146
HTTP	118
I/O性能	36
IaaS	52
IMAPサーバー	126
IoT	106, 136
ipconfig	212
IPアドレス	68, 120
IPアドレスの付与	96
ITIL	206
ITポリシー	190
LAN	48
Linux	38, 108
MACアドレス	68
MTBF	217
MTTR	216
NAS	89
NTPサーバー	92, 110
OS	38
PaaS	52
Patch	211
PCサーバー	44
ping	212
POP3	112, 116
Proxy	112, 128
PTF	211
PUF	211
RAID	82
RAID	168
RISC	44
RPA	138
SaaS	52
SAS	82
SATA	82
SIPサーバー	98
SLA	216
SMTP	112, 114
SSL	112, 116, 122
SSOサーバー	100
TCP/IP	48, 70
tracert	212
UDP	70
UNIX	38
UPS	172

234

VDI	74
VoIP	98
WAN	48
Web	112, 118
Windows	38, 108
WSUS	210
x86サーバー	44

【 あ 】

アクセス権の設定	88
アクセス制御	160
アジャイル	196
新しい体験	224
アドミニストレータ	192
アプライアンスサーバー	80
アプリケーションサーバー	102, 104
安定稼働	200, 204
一括修正	211
インターネット	112
ウィルス感染	162
ウィルス対策	162
ウォーターフォール	196
運用監視サーバー	134
運用管理	192, 200
影響度	202
影響範囲	202
影響分析	202
エージェント	100
オープン化	222
オフコン	222
オンプレミス	50, 176

【 か 】

開発系	104
カスタマーエンジニア	214
仮想アプライアンス	80

仮想化	226
仮想化環境での見積り	184
仮想サーバー	74
カプセル化	70
機能追加	108, 210
筐体	57
業務改善	140
業務システム	102
緊急修正	211
クライアント	18
クライアントPC	24
クライアントの管理	94
クラウド	52, 54, 176, 220
クラサバ	86
クラサバアプリ	32, 60, 84
クラスタリング	166
公開情報	150
高可用性	34
高信頼性	34
構造化データ	144
高密度	42
効率化	224
コールドスタンバイ	167
個人認証	100
コスト	54
コマンド	212

【 さ 】

サーバー	14, 62
サーバーからの処理	132
サーバー管理者	192
サーバーの格納	186
サーバーの仕様	40
サーバーの設置場所	50, 186
サーバーの役割	14, 108
サーバーの利用形態	16, 18, 20

サイジング	64	超上流工程	67
差分バックアップ	170	停電対策	172
自家発電	172	ディレクトリサービスサーバー	160
持久系	26	データセンター	50
時刻の同期	92	データ漏えい	152
資産管理	192	デジタル・トランスフォーメーション	178
資産管理サーバー	94	デジタル技術	178
システム	14, 62	デバイス	24
システムエンジニア	214	テレワーク	76
システム開発工程	196	電源	40, 188
システム構成	30, 180	電源供給	188
システム保守	200	同時アクセス数	65
自動化・無人化	224	同時接続数	65
瞬発系	26	投資対効果	66
上位機種	46	導入	176, 178
障害対応	200, 212	ドメイン	120
障害復旧	204		
冗長性	40	【 な 】	
情報資産	150	二重化	164
情報セキュリティポリシー	154	人月	63
シンクライアント	76	ネットワークの仮想化	78
スーパーコンピュータ	42, 56	ネットワーク接続型ストレージ	89
スケールアウト	177		
スケールアップ	177	【 は 】	
スタンダード	46	ハードディスク	82
ステップ数	63	バグ修正	210
生産性向上	224	働き方改革	76
性能管理	208	パフォーマンス	208
性能見積り	64, 182, 184	非構造化データ	144
戦略的活用	224	ビッグデータ	22, 144, 146
ソフトウェアの更新	210	秘密情報	54, 150
		表示性能	36
【 た 】		ファイヤーウォール	156
多様化	226	ファイル共有	124
タワー	42	ファイルサーバー	88
チーミング	168	ファイル転送	124

ファブリック・ネットワーク …………	78
フォルトトレランスシステム ……	164, 168
負荷分散 ……………………………	102, 164
不正アクセス ……………………………	152
復旧時間 …………………………………	216
プリントサーバー ………………………	90
フルバックアップ ………………………	170
ブレード …………………………………	42
平均故障間隔 ……………………………	217
ヘルスチェック …………………………	134
保守 ………………………………………	176, 214
ホットスタンバイ ………………………	167
本番系 ……………………………………	104

[ま]

ミドルウェア ……………………………	58
無線LAN ……………………………	30, 48, 90
メインフレーム ………………………	42, 56
メール ……………………………………	112
メンテナンス ……………………………	54
モデル化 …………………………………	28

[や]

ユーザー管理 …………………………	192, 194
ユーザーの権限 ………………………	194
ユーザー目線 …………………………	86
ユニットの性能の違い ………………	36

[ら・わ]

ラックマウント …………………………	42
リソース監視 ……………………………	134
リバースプロキシ ………………………	100
ルータ ……………………………………	72
ロードバランシング …………………	166, 168
ロールベースアクセス制御 …………	89
ワークグループ …………………………	194

本書内容に関するお問い合わせについて

このたびは翔泳社の書籍をお買い上げいただき、誠にありがとうございます。弊社では、読者の皆様からのお問い合わせに適切に対応させていただくため、以下のガイドラインへのご協力をお願い致しております。下記項目をお読みいただき、手順に従ってお問い合わせください。

●ご質問される前に

弊社Webサイトの「正誤表」をご参照ください。これまでに判明した正誤や追加情報を掲載しています。

　　正誤表　https://www.shoeisha.co.jp/book/errata/

●ご質問方法

弊社Webサイトの「刊行物Q&A」をご利用ください。

　　刊行物Q&A　https://www.shoeisha.co.jp/book/qa/

インターネットをご利用でない場合は、FAXまたは郵便にて、下記"翔泳社 愛読者サービスセンター"までお問い合わせください。
電話でのご質問は、お受けしておりません。

●回答について

回答は、ご質問いただいた手段によってご返事申し上げます。ご質問の内容によっては、回答に数日ないしはそれ以上の期間を要する場合があります。

●ご質問に際してのご注意

本書の対象を越えるもの、記述個所を特定されないもの、また読者固有の環境に起因するご質問等にはお答えできませんので、予めご了承ください。

●郵便物送付先およびFAX番号

　　送付先住所　〒160-0006　東京都新宿区舟町5
　　FAX番号　　03-5362-3818
　　宛先　　　　（株）翔泳社 愛読者サービスセンター

※本書に記載されたURL等は予告なく変更される場合があります。
※本書の出版にあたっては正確な記述につとめましたが、著者や出版社などのいずれも、本書の内容に対してなんらかの保証をするものではなく、内容やサンプルに基づくいかなる運用結果に関してもいっさいの責任を負いません。

※本書に記載されている会社名、製品名はそれぞれ各社の商標および登録商標です。
※本書の内容は2019年3月1日現在の情報などに基づいています。

著者プロフィール

西村 泰洋（にしむら・やすひろ）

富士通株式会社 フィールド・イノベーション本部 金融FI統括部長
デジタル技術を中心にさまざまなシステムと関連するビジネスに携わる。
情報通信技術の面白さや革新的な能力を多くの人に伝えたいと考えている。
著書に『絵で見てわかるRPAの仕組み』『RFID＋ICタグ システム導入・構築 標準講座』（以上、翔泳社）『デジタル化の教科書』『図解入門 最新 RPAがよ〜くわかる本』（以上、秀和システム）、『成功する企業提携』（NTT出版）がある。

装丁・本文デザイン／相京 厚史（next door design）
カバーイラスト／越井 隆
DTP／佐々木 大介
　　　吉野 敦史（株式会社アイズファクトリー）
　　　大屋 有紀子

図解まるわかり サーバーのしくみ

2019年4月 5日　初版第1刷発行
2019年6月10日　初版第2刷発行

著者　　　西村 泰洋
発行人　　佐々木 幹夫
発行所　　株式会社 翔泳社（https://www.shoeisha.co.jp）
印刷・製本　株式会社 ワコープラネット

©2019 Yasuhiro Nishimura

本書は著作権法上の保護を受けています。本書の一部または全部について（ソフトウェアおよびプログラムを含む）、株式会社 翔泳社から文書による許諾を得ずに、いかなる方法においても無断で複写、複製することは禁じられています。
本書へのお問い合わせについては、239ページに記載の内容をお読みください。
落丁・乱丁はお取り替え致します。03-5362-3705 までご連絡ください。

ISBN978-4-7981-6005-4　　　　　　　　　　　　　　　Printed in Japan